地质工作掌中宝

野外地球物理学

（第四版）

［英］John Milsom　Asger Eriksen　著

刘俊州　徐蔚亚　姜大建　张 宏　译

石油工业出版社

内 容 提 要

本书作为英国地质学指导手册之一，介绍重力法、磁法、放射性勘探法、电法、探地雷达和地震波法等野外地球物理测量方法的不同工作场景、工作原理、测量仪器、流程和注意事项以及不同测量方法的局限性，分析野外测量数据质量控制的重要性和控制方法，阐述测量数据的野外快速解释及应用。

本书注重野外地球物理工作实践，是一本实用性、技术性、指导性很强的野外地球物理工作指导书，对矿产地质、城市地质及工程地质人员甚至是考古人员都有重要参考价值。

图书在版编目（CIP）数据

野外地球物理学：第四版 /（英）约翰.米尔索姆
（John Milsom）等著；刘俊州等译. —北京：石油工业出版社，2022.1

书名原文：Field Geophysics，4th Edition
ISBN 978-7-5183-4272-3

Ⅰ.①野… Ⅱ.①约…②刘… Ⅲ.①地球物理学
Ⅳ.① P3

中国版本图书馆 CIP 数据核字（2020）第 201173 号

出版发行：石油工业出版社有限公司
　　　　　（北京市朝阳区安华里 2 区 1 号　100011）
网　　　址：www.petropub.com
编 辑 部：（010）64523544
图书营销中心：（010）64523633
印　　　刷：北京中石油彩色印刷有限责任公司

2022 年 1 月第 1 版　2022 年 1 月第 1 次印刷
880 毫米 ×1230 毫米　开本：1/32　印张：10.875
字数：260 千字

定价：75.00 元
（如出现印装质量问题，我社图书营销中心负责调换）

版权所有，翻印必究

第四版前言

　　成为这本已得到大家认可的《野外地球物理学》手册的合著者是一项令人着迷的事情，这是因为多年来侧重点的变化体现了我自己的经历。在我的公司，我们在1993年把主要工作重点从矿产勘探转移到工程、环境和考古地球物理，并发现在建筑环境中的广泛应用是具有挑战性的和令人非常满意的。应用地球物理学的新常规用途（例如在铁路路基道砟检测方面）正不断推向市场。随着这个新版本的出版，通过使用拖曳阵列系统在数据收集方面取得了巨大的生产力收益，并证明了使用远程监控及固定安装的地球物理系统测量材料性能变化的潜力。这些都是进一步令人兴奋的创新和发展的征兆。现在是从事应用地球物理学的最佳时机。

　　随着越来越多地使用地球物理数据来证明现有基础设施的变化，并在开发新结构时减少地面风险，就越来越有必要在收集、管理和报告地球物理数据方面保持高度专业化。只有遵循严格的实地工作程序，才能体现现代数据收集系统所提供的数据量增长的好处。监测来自多仪器平台数据的质量并不是一项简单的任务，同时要确保位置控制符合设计规范，并确保所有设施在倾盆大雨中保持干燥。如今的野外地球物理学家必须是一位对客户友好、不受天气影响、耐心的电子系统管理者，同时还要关注细节。

　　在本版中，增加了有关地球物理勘探设计、程序、数据质量控制和探测局限性的新章节，以强调现场工作阶段在向最终用户提供可靠信息方面的重要性。更新了电阻率和探地雷达的章节，以反映最近的发展情况。新增了一个关于地震面波的章节，部分是为了提高对这个现在活跃的领域的认识。

在矿物勘探中使用小规模地球物理技术减少的一个原因是，全球定位系统三维定位精度的提高以及一些仪器的最低读数次数的减少，使航空数据具有以前无法获得的质量。

小规模地球物理学已经在考古学、现场调查、其他形式的工程和水文调查以及寻找未爆炸弹药（UXO）等领域扩展，全球定位系统也产生了影响。野外工作人员不仅被赋予了一系列的新工具，这些工具（据说）将使他们的生活更容易，而且还告诉了他们需要知道的全新的事物。认识到这一事实，本版列入了新的第15章，处理制图问题和全球定位系统。

遗憾的是，我们删减了以前的版本中，涉及军事甚低频（VLF）无线电波传输的地球物理用途的几乎所有的章节。许多发射机已经退役，在世界许多地区，现在甚至不可能从一个来源接收到足够的信号，更不用说从两个方位相差很大的来源接收到足够的、覆盖范围令人满意的信号。因此，VLF波段只在宽带自然源和可控源大地电磁学的背景下讨论。

科技也使这本书本身发生了一些变化。"野外地球物理"是为野外应用而设计的。由于所需的信息可以从他处获得，因此，在印刷版本中列入书目似乎没有什么意义，因为它必然受到现有版面的严重限制，而且不可避免地会列出该领域不太可能提供的材料。现在有可能为读者提供一个相关的在线书目，比以往任何时候的印刷版本都更加全面，更加便于搜索，这就是我们所选择的方式。结果将在www.wiley.com/go/milsom/geophysics4e. 上公布。即使在那里，我们也放弃了对其他网址的引用，因为这些网址经常改变或消失。读者只需要一个互联网搜索引擎就可以找到制造商的手册和应用程序表，以了解最新的IGRFs或IGFs，或原始的SRTM和ASTER的地形网格数据。

我很荣幸，也很高兴能成为第二作者与John Milsom共同撰写这本手册。

阿斯戈尔·埃里克森

（Asger Eriksen）

第三版前言

　　自编写本手册第一版以来的15年里，小规模地表地球物理调查所用的方法几乎没有发生根本性的变化。然而，在仪器装置方面有了根本性的变化，在应用方面也有了深远的发展。

　　地球物理学在矿物勘探中的应用已经减少，不论从绝对值上（连同采矿工业本身在世界范围内的衰退），还是相对于其他用途。所谓的环境、工程或工业地球物理学已经填补了大部分空缺。可悲的是，随着世界上越来越多的地方散落着的军事训练和军事行动后的碎片，搜索未爆炸弹药（UXO）变得越来越重要（更为致命的是搜寻地雷，地雷不像UXO，它们故意做了逃避检测的设计，检测地雷仍然使用地球物理方法，但重点不在这本书中）。

　　考古用途也在增加，虽然在许多情况下仍然受到设备相对昂贵的限制。

　　在仪器设备方面，读数和数据存储的自动化在 20世纪80年代后期才刚刚变得重要，但现在已经迅速发展起来。实际上，市场上所有的新仪器都集成了数据记录器，其中许多还包括使操作更快捷、更容易的设备（如自动调平）。这一点，以及现在几乎每个野外工作人员都配备了至少一台笔记本电脑的事实，产生了两种主要的、对比鲜明的结果。一方面，实际操作这些设备的野外工作人员对专业技能的需要已经减少，这导致野外笔记的质量普遍下降。另一方面，目前在野外可以完成更多的工作，包括进行数据处理和数据显示，甚至解释工作。探地雷达装置就是这种变化的一个例子，在探测进行的同时，它就能为用户提供地下的可视图像（即使是失真的）。有趣的是，当仪器被拖拽或沿着直线移动时，它们能够提供有效地连续覆盖，这种趋势导致地面测量中出现了错误，这些错误长期困扰着航空探测，但现在已基本消除。在第一版中，关于需要记录有关探测区域的信息以及地球物理数据的注释在这些情况下具有同等甚至更大的作用。但很明显，通常针对个别读数做单独的记录既不实用，也不合适。

针对非常浅的地下（1~5m）地球物理调查的次数增加，也导致工作人员越来越多地使用电磁法绘制电导率图，并发展了使用电容性而非感应耦合的非接触电法。本版增加了一个章节来介绍后者这种相对较新的方法。其他新的部分涉及GPS导航，自从取消"选择可用性"（是出于国家安全原因而故意降低的公共GPS信号）以来，它对地球物理学家变得非常有用，并涉及音频大地电磁学（AMT），这主要是在模拟自然信号但提供更大一致性的受控源（CSAMT）的背景下进行的考虑。

在注释和参考书目上也有一些细微的变化。在这种篇幅的书中，提供个别论文的参考文献是一个问题，我实际上已经减少了这样的参考文献的数量，只局限于包含一些基本讨论的较老的论文，以及作为插图来源的论文。我还删除了有关制造商文献的部分，不是因为这些文献没有那么多，也不是因为它们不那么重要，而是因为它们现在基本上可以通过互联网获得，因此仅给出了一些关键的URL地址。

尽管进行了大量的重写，并在内容上略有增加（对此我再次非常感谢出版商），这本书的目标仍然没有改变。同其前身一样，它不是传统意义上的教科书，而是旨在向所有从事实地小型调查的人提供实际的资料和帮助。在帮助我实现这一目标的过程中，我尤其感激Geomatrix的克里斯·利奇（Chris Leech），让我参加他的一些培训和示范调查；感谢国际地球物理服务公司（英国）的阿斯戈尔·埃里克森（Asgeir Eriksen），让我与工程和地下水地球物理的行业现状保持接触；感谢我的学生对早期版本深刻地和不受约束地批评。我也感谢所有允许使用他们的插图人（包括我的女儿凯特（Kate），她的意见体现在《野外地球物理学》的图5.1中），尤其感谢我的妻子帕姆（Pam），详尽（且筋疲力尽地）校对和第三次忍受这一过程。

约翰·米尔索姆

（John Milsom）

第二版前言

自从这本书的第一版于1989年出版以来，在野外地球物理学领域发生了一些变化，尤其是它频繁地出现在有关艺术"挖掘"的电视报道中。在这项工作中，以及在对受污染的地面和垃圾填埋场（未来的考古宝库）的调查中，大量的读数都是在很小的空间内进行的，将这些结果记录下来可能会占用野外的大部分时间。因此，随着个人计算机变得更小、更强大，自动数据记录变得更加重要，而且变得越来越容易。新的野外现场技术已经开发出来，现在通常使用图像处理方法来处理大量的数据。第一版中关于需要记录调查地区的信息以及地球物理数据的注解，在这些情况下具有同等的甚至更强的重要性，但显然，就个别读数做个别说明的做法通常不实用或不适宜。

随着对非常浅的地下（1~5m）地球物理调查次数的增加，也导致了越来越多的工作人员使用非接触（电磁）方法来绘制电导率图。此外，现在每个地球物理学家所掌握的计算能力的提高，已将反演方法引入传统的直流电电阻率测深解释中，并要求对现场作业做相应地修改。希望这些变化在这个新版本中得到充分的说明。进一步发展是更广泛地使用探地雷达系统，而且最近它们的费用迅速下降，因此增加了一章内容来介绍这种相对较新的方法。

其他许多方面都没有改变，航空技术的进步实际上阻碍了改进用于矿物勘探的地面仪器的研究。自动和自动水平重力仪正变得越来越普遍，但仍然是相当罕见的。比传统的质子旋进或磁通门仪器更灵敏的磁力仪得到了广泛的宣传，但在大多数情况下，除了在测量磁场梯度方面，磁强计提供的精度比现有的要高。

甚低频电磁法（VLF）在勘探基岩裂隙含水层方面有了一些复兴，制造商也认识到易用性的重要。感应极化仪和时域电磁探测同样在不断完善，但其基本原理没有改变。反射地震波得到了更多的利用，部分原因是以前人们做梦也想不到的处理能力现在可以在便携式野外地震仪上得到，但折射仍然主导着浅层地震研究。

不可避免的是，并不是所有目前正在使用的方法都能在现有的范围内得到利用。震源脉冲（机械脉冲）、信号脉冲（电脉冲）的地震电学方法正开始使人们感觉到它们的作用，并可能在未来的教科书中占有一席之地，但目前发表的相关文献很少。大地电磁测深方法的历史要长得多，而且还在不断发展，与使用受控（CSAMT）而不是自然源的发展相结合，但是许多普通的地球物理学家在其整个职业生涯中也很难参与一次这样的调查。

尽管进行了大量的重写，并在篇幅上略有增加（对此，我非常感谢新的出版商），这本书的目标仍然是一样的。同其前身一样，它不是传统意义上的教科书，而是旨在向所有从事实地小型调查的人提供实际的资料和帮助。在实现这一目标的过程中，我尤其感激保罗·海斯顿（Paul Hayston）（RTZ）介绍我在新的和令人兴奋的区域进行矿产勘查，感谢国际地球物理服务公司（英国）的阿斯戈尔·埃里克森（Asgeir Eriksen）使我与工程和地下水地球物理的行业现状保持接触、感谢我的学生每年都在提醒我最糟糕的问题所在。我也感谢所有允许我使用他们插图的人（包括我的女儿凯特（Kate）），尤其需要感谢的是我的妻子帕姆（Pam），她为我录入原始文本和忍受这一切。

约翰·米尔索姆

（John Milsom）

第一版前言

这本书的目的是帮助那些参与小规模地球物理勘探的人。它不是传统意义上的教科书，因为它是为该领域的应用而设计的，它关注的是实际问题——理论居于第二位。当理论决定现场实践时，会提及相应的理论，而不是去研究或证明它。例如，不会试图解释为什么四电极电阻率有效，而两个电极的勘探无效。

这本书不涉及海洋、航空或井下地球物理学，也不涉及深层地震反射工作。这在某种程度上不仅是由现有的空间所决定的，也是因为这类调查通常是由相当多的野外工作人员实施，希望他们中至少有一些人，既有经验又愿意更广泛地传播这种经验。

在适当的情况下，应注意术语。一个野外观察者不仅需要知道要做什么，还需要知道使用正确的词语，在这个上下文中，"正确的"是指那些即便不会被标准词典的编辑理解，也会被同行业的其他人理解的词语。

一句道歉的话是必要的。野外观察员有时被称为"他"。遗憾的是，这是现实的，因为"她"仍然非常罕见，但这并不意味着"她"在地球物理行业中是未知的或不受欢迎的。希望所有的地球物理野外工作者，无论是男性还是女性，无论是地球物理学家、地质学家还是非专业的野外工作者，都能在这本书中找到有用的东西。

最后，说句感谢。BP Minerals的保罗·海斯顿（Paul Hayston）

和Terronics的蒂姆·朗达尔—史密斯（Tim Langdale-Smith）阅读了本书的早期草稿，并提出了许多宝贵的建议，我非常感谢他们；感谢珍妮特·贝克（Janet Baker），她画了很多草图；感谢那些提供数据和插图的公司。

目　录

1

绪论

1.1　地球物理测量的内容

应用地球物理或勘探地球物理可以定义为通过对地下物体物理性质的远程测量绘制相应的图像。这门学科可以追溯到古代，但直至现代仪器的出现，它才得到广泛的应用。在20世纪初期至中期，地球物理技术和设备的发展是由石油和矿物勘探推动的，勘探的目标可能有几千米深。今天在考古、环境和工程勘察中使用的许多仪器的发展都得益于这种地球物理学的发展，但它们适用于0.5~100m范围内的近地表调查。

所有地球物理方法的成功都依赖于目标物与周围介质的物理性质之间存在可测量的差异。可利用的性质通常为密度、弹性、磁化率、电导率和放射性（表1.1）。物理差异在实践中是否可以测量，

表1.1　常用地球物理技术

技术	被动/主动	利用的物理性质	源/信号
磁力	被动	磁化率/剩磁	地球的磁场
重力	被动	密度	地球的引力场
连续波和时间域电磁法（EM）	主动/被动	电导率或电阻率	赫兹/千赫兹频带，电磁波
电阻率成像/测深	主动	电阻率	直流电流
诱导	主动	活跃的电阻率/复电阻率和荷电性	脉冲电流
自然电位（SP）	被动	氧化还原和动电的	氧化还原，流动和扩散势
地震折射与反射/声波	主动/被动	密度/弹性	炸药，重物下降，振动、地震、声波换能器

技术	被动/主动	利用的物理性质	源/信号
辐射测量法	主动/被动	放射性	天然或人造放射性源
探地雷达（GPR）	主动	介电性能（介电常数）	脉冲或步进频率微波电磁（50~2000MHz）
电缆测井	主动/被动	各种各样	各种各样

与该问题的物理性质、地球物理勘探的设计和合适设备的选择有着密不可分的关系。并非所有的设备都适合使用。通常，多种方法的组合提供了解决复杂问题的最佳方法。有时，没有可测量物理差异的目标可以通过其与环境或材料的关联间接地检测出来。本手册的目的之一是使野外观测人员了解目标的概念可探测性，以及埋藏环境、调查设计、设备选择和操作程序对实际可探测性的影响。

1.2 野外和场

虽然有许多不同类型的地球物理测量方法，但小规模测量都非常相似，并且涉及相似的、有时是模糊的术语。例如，单词base有三个不同的常用含义，而stacked和field各有两个含义。

地球物理测量是在野外（field）进行的，但不幸的是，许多概念也是跟field有关。场论（field theory）是重力、磁力与电磁（EM）工作的基础，甚至粒子通量和地震波前可以用辐射场（radiation field）来描述。有时歧义是不重要的，有时两种意思都是适当的（或有意为之的），但有时需要明确区分。特别是，野外（现场）读数（"field reading"）一词几乎总是指"在野外（或现场）得到的读数"，即不是在基地站所获取的读数。

物理场可以用表示任意点场方向的力线来表示（图1.1）。强度也可以用距离更近的线来表示强度大的场，但在二维介质上显示三维情况时，很难像这样定量地表示。

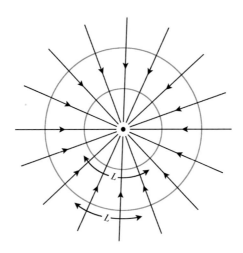

图1.1 无限线源的力线（从末端观察）

线与线之间的距离与源的距离呈线性关系，因此长度为L的内圆的弧被四条线截断，而半径为两倍的外圆上长度相同的弧只被两条力线截断

表1.1中，将被动测量和主动测量方法进行了广泛的划分。被动测量方法使用自然存在的物理场（如地球磁场），观测者无法控制该物理场，只能探测由地质或人造物体引起的物理场的变化。对物理场的解释通常不是唯一的，很大程度上取决于解释人员的经验。主动测量方法包括产生信号，以诱导与之相关的可测量的目标响应。观测者可以控制对场地的能量输入水平，还可以测量能量传输率随距离和时间的变化。对这类数据的解释可以更加量化。深度辨别通常比被动测量方法要好，但是也不能保证解释起来更加容易。

1.2.1　向量加法

当组合来自不同源的场时，必须使用向量加法（图1.2）。在被动测量方法中，需要掌握向量加法原理，以了解局部异常测量受区域背景影响的方式。在主动测量方法中，局部异常（次级场）常叠加在发射机产生的一次场上。在这两种情况下，如果局部场是两个场中较弱的一个（通常不到主场或背景场的十分之一的强度），那么，测量将近似地在比较强的场的方向进行，只有那个方向的异常分量将被记录下来（图1.2b）。在这种情况下，合向量场与背景场或主场方向上的细微差别通常被忽略。

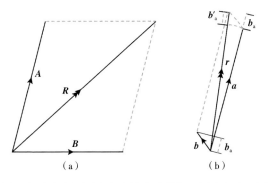

图（a）中向量**A**和**B**在大小和方向上表示的场组合得出**R**；图（b）中，大场**a**和小场**b**合成的**r**在长度上约等于**a**与**b**在**a**方向上的分量**b**$_a$之和；**a**和**r**之间在方向上角度差很小，因此，在**r**方向上的分量**b**$'_a$几乎与**b**$_a$相同

图1.2　向量加法的平行四边形法则

如果这两个场的强度相似，那么异常场的大小与观测到的异常的大小之间就不会有简单的关系。但是，可以通过在单个方向上进行所有测量，并假设背景场或主场在该方向上的分量在整个测量区域内是恒定的，来测量次级场中任何给定分量的变化。出于这一原因，在磁场和电磁测量中，有时首选垂直场测量而不是总场测量。

由于多个信号源产生的场并不一定等于所有信号源孤立存在时

的所有场的向量和，来自一个物体的强磁场可以影响另一个物体的磁化强度，甚至影响其本身（退磁效应），而电场、导体和电流之间的相互作用在电测量和电磁测量中可能非常复杂。

1.2.2 平方反比定律

信号强度的平方反比衰减规律在应用地球物理学的大部分分支领域中都存在。它在万有引力作用中是最简单的，由质点引起的引力场的大小与到质点的距离的平方成反比，其中比例常数（重力常数G）是不变的。磁场也遵循平方反比定律，并且大多数情况下，在空气或水中测量的磁场强度变化原则上与介质的渗透性变化是不相关的。更重要的是，磁场源本质上是双极性的（第1.2.5节），这一事实大大改变了磁场强度的简单平方反比定律。

从嵌入连续均匀地面中的孤立点电极流出的电流从物理上说明了平方反比定律的重要性。所有从电极辐射出来的电流都必须穿过它周围的任何封闭表面。如果这个表面是一个以电极为中心的球体，那么总电流将平均地穿过球体表面的每个单位面积。因此，单位面积的电流与总表面积成反比，而总表面积又与半径的平方成正比。当然，真实地球上的电流会因电导率的变化而发生剧烈的变化。

地球物理学中许多重要领域的平方反比定律所固有的一个问题是不确定性，比如，在一个表面上进行的一套测量结果原则上可以来自无数可能的信号源的分布。其中的大多数在地质学上是不可能的，但通常仍有足够的非地球物理信息对大多数解释至关重要。图1.3显示了两个球体，每个球体的中心深度为5.5m。一个是空气空洞，半径为2.25m，密度为零；而另一个是风化白垩带，半径为5m，密度为1.9g/cm³；围岩的密度为2.1g/cm³，这是典型的致密白垩岩。假设质量集中在球的中心，可以计算出每个球的引力。这两种异常几乎是相同的，需要对每一种异常进行后续的调查，或使用电阻率成像等确定性的地球物理方法（第6.5节）进行调查，以消除这种不确定性。当然，即使是不相同的异常，其差异也可能非常小，以至于无法使用现场数据加以区分。

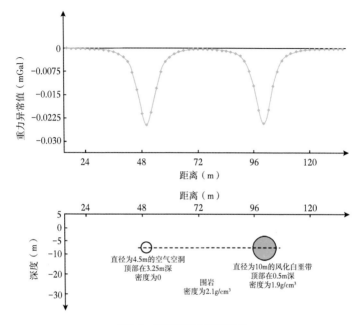

图1.3 势场解释的不确定性

这两个明显不同的场源产生了几乎相同的重力异常

和野外测量人员相比，解释人员更加担心这种不确定性。但它的存在确实强调了测量人员的重要性，包括在现场记录中收集的所有可能有助于更好地理解现场实际的数据。

1.2.3 二维场源

场源强度的衰减率取决于震源的形状以及平方反比定律。恒定交叉的不确定长源被称为二维（2D）源，常用于计算机建模中概率估算走向上具有很大长度的物体。如果图1.1中的源"点"表示从头到尾（从上往下看的）的无限线源，而不是实际的点，则封闭（圆柱）表面的面积与其半径成正比。从上一节对点源的讨论可得出以下结论：线源的场强与距离成反比，而不是与距离的平方成反比。因此，在二维情况下，画在纸上的力线可以通过它们的分离来表示场强和方向。

1.2.4 一维场源

由等厚均匀层组成的源的力线或辐射强度线只在其边缘附近发散（图1.4）。重力校正中的布格板（第2.5.1节）和2π几何空间（2π geometry，这里指半球状空间）放射性源（第4.3.4节）是无限扩展的层状源的例子，其磁场强度与距离无关。如果探测器距离扩展源只有很短的距离，并且距离其边缘很远，这种情况就可以近似地实现。

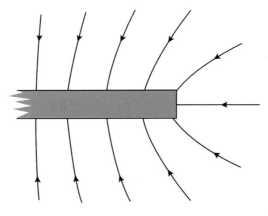

图1.4 来自半无限平板的力线

这些线仅在板坯边缘附近有明显的发散，这意味着其他地方的场强将随着距离的增大而有微弱的减小

1.2.5 偶极子

偶极子由等强度且距离非常小的正极和负极点源组成。它的力

矩等于极子的强度乘以二者的间距。场强随距离的立方的倒数减小，强度和方向随"纬度"的变化而变化（图1.5）。磁场在偶极子"赤道"上某一点的强度仅是在偶极子轴上相同距离且方向相反的某一点的强度的一半。

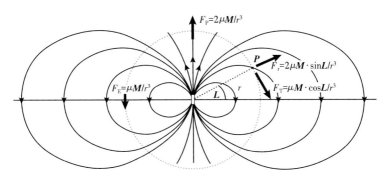

图1.5　偶极子场原理图

通过偶极子与它的轴线成直角的平面称为赤道平面，这个平面与偶极子中心距任意点**P**连线的夹角**L**有时称为点**P**的纬度；在离偶极中心**r**处所示的场是关于具有强度（力矩）**M**的偶极子的（见第3.1.1节）；由于**M**是一个向量，因此点**P**处的径向场和切向场的值可以根据平行四边形定律求解；符号μ用于磁场有关的比例常数

磁化基本上是偶极的，在小回路中循环的电流是磁场的偶极源。许多雷达天线是偶极的，在一些电法勘探中，电极以近似偶极对的形式排列。

1.2.6　指数衰减

放射性粒子通量、地震波和电磁波受几何衰减和吸收的影响，穿过封闭表面的能量小于其所包围的源的能量。在均匀介质中，平面波所经历的损失百分比由路径长度和衰减常数决定。绝对损耗也与信号强度成正比。类似的指数定律（图1.6）受衰变常数支配，并决定着放射性物质的质量损失率。

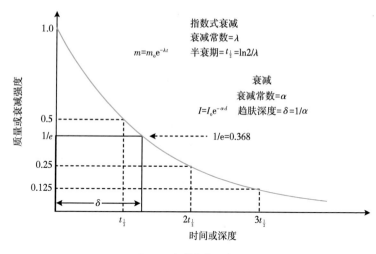

图1.6　指数定律示意图

说明用于表征放射性衰变和无线电波衰减的参数

衰减速率的另一种特征是趋肤深度，它是衰减常数的倒数。对每一个经过的趋肤深度，信号强度降低到原始值的$1/e$，其中e（$e=2.718$）是自然对数的底数。放射性衰变速率通常用半衰期来描述，等于$\ln2$（$=0.693$）除以衰变常数。在每个半衰期，其开始时存在的物质会损失一半。

1.3　地球物理勘探设计

1.3.1　地球物理是否有效？

地球物理技术不能盲目地使用。了解可能与目标有关的材料特性（及其埋藏环境）对于选择正确的方法和对获得的结果进行解释至关重要。

有了这些知识，地球物理学家可以评估可行性，并在可能的情况下选择一种地球物理方法来满足调查目标。表1.2列出了几项对于一些普通的岩石和矿物来说更重要的物理性质。毫无疑问，这里给出的值不过是泛泛的概括，但该表至少表明了在某些情况下，可以预期或希望物理特性出现较大差异。

表1.2　常见岩石和矿石矿物的重要物理性质

材料	密度（g/cm³）	磁化率（10⁶）	电阻率（Ω·m）	电导率（mS/m）
空气	0	0	8	0
冰	0.9	−9	8~100000	0~0.01
淡水	1	0	1000000	0.001
海水	1.03	0	0.2	5000
表土	1.2~1.8	0.1~10	50~100	10~20
煤	1.2~1.5	0~1000	500~2000	0.5~2
干砂	1.40~1.65	30~1000	1000~5000	0.02~1
湿砂	1.95~2.05	30~1000	500~5000	0.2~2
砾石	1.5~1.8	20~5000	100~5000	1~10
黏土	1.5~2.2	10~500	1~100	10~1000
风化基岩	1.8~2.2	10~10000	100~1000	1~10
盐	2.1~2.4	−10	10~10000000	0.01~1
页岩	2.1~2.7	0~500	10~1000	1~100
粉砂岩	2.1~2.6	10~1000	10~1000	0.1~100
砂岩	2.15~2.65	20~3000	200~8000	0.125~5
白垩地层	1.9~2.1	0~1000	50~200	5~20
石灰岩	2.6~2.7	10~10000	500~10000	0.1~2
板岩	2.6~2.8	0~2000	500~500000	0.002~2
石墨片岩	2.5~2.7	10~1000	10~500	2~100
石英岩	2.6~2.7	−15	500~800000	0.00125~2
片麻岩	2.6~2.9	0~3000	100~1000000	0.001~10

材料	密度 （g/cm^3）	磁化率 （10^6）	电阻率 （Ω·m）	电导率 （mS/m）
绿岩	2.7~3.1	500~10000	500~200000	0.005~2
蛇纹岩	2.5~2.6	2000~100000	10~10000	0.1~100
麻粒岩	2.7~2.9	100~5000	500~1000000	0.001~2
花岗岩	2.5~2.7	20~5000	200~1000000	0.001~5
流纹岩	2.5~2.7	100~5000	1000~1000000	0.001~1
玄武岩	2.7~3.1	500~100000	200~100000	0.01~5
辉绿岩	2.8~3.1	500~100000	100~100000	0.01~10
辉长岩	2.7~3.3	100~10000	1000~1000000	0.001~1
橄榄岩	3.1~3.4	10~10000	100~100000	0.01~10
黄铁矿	4.9~5.0	100~5000	0.01~100	10~1000000
磁黄铁矿	4.4~4.7	1000~50000	0.001~0.01	1000000~10000000
闪锌矿	3.8~4.2	10~100	1000~1000000	0.001~1
方铅矿	7.3~7.7	10~500	0.001~100	10~10000000
黄铜矿	4.1~4.3	100~5000	0.005~0.1	10000~200000
铬矿	4.5~4.7	750~50000	0.1~1000	1~10000
赤铁矿	5.0~5.1	100~1000	0.01~1000000	0.001~100000
磁铁矿	5.1~5.3	10000~10000000	0.01~1000	0.001~1
锡石	7.0~7.2	10~500	0.001~10000	0.1~10000000

地球物理勘探的设计和实施需要仔细考虑下列主要因素。

1.3.1.1 目标识别

在可行性评价和技术选择中，目标物性及其与周围环境的对比程度是最重要的。然而，在资料可能有限或不存在的情况下，地球物理学家应建议进行试验调查或应用多种技术。如果勘探设计时所做的假设是不确定的，则建议进行试验。通常需要一天的时间来确定所选方法是否能够在实际的野外条件下探测到目标的存在。地球物理试验调查是一个经常被忽视的阶段，但如果将其作为一个常规过程的话，可以为地球物理学家赢得良好声誉并为客户节省很多费用。

一旦根据观察、建模或者经验确定了埋藏目标的地球物理响应可能是什么，就可以具体确定满足探测目标所需设备的灵敏度和测量站的分布。

1.3.1.2 检测距离

除了目标及其周围环境的组成外，地球物理方法对目标大小与探测距离的关系也很敏感。一般来说，目标的深度越大，其体积和（或）横截面积就必须足够大才能被探测到。

1.3.1.3 勘探的分辨率

采样间隔（频率或采样点间隔）的选择对于勘探的成功及其成本效益至关重要。适当的间隔取决于目标的地球物理"足迹"，对于小直径浅管来说可能是几十厘米，对于窄断层带来说可能是几米，对于深部矿体来说可能是几千米。因此，必须对异常进行充分采样，以满足勘探目标的要求。尽管采集过多的数据会浪费同等重要的资源，但必须记住，采样不足会产生完全虚假的异常（图1.7）。

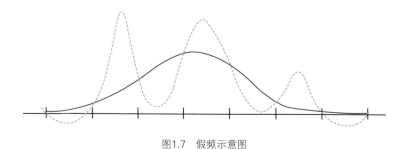

图1.7 假频示意图

虚线所示为本应记录的磁剖面，实线表示为仅用距离轴上垂直线所示的宽度间距读出的数据而推断出的伪异常；如果对时变信号过少采样，假频现象在时间和空间上都可能发生

在某些情况下，特别是在待开发城市用地上，表面的障碍物会阻碍采集标准间隔的数据。这些障碍是可以消除的，但除非现场观测人员充分了解其对调查结果的影响，否则可能无法在适当的时候加以处理。

1.3.1.4　基站条件

在勘探设计中，往往忽略了场地是否适合采集高质量的地球物理数据。影响数据质量的问题通常是特定于所提出的方法的。例如，由于地表金属结构和架空电力线的存在，可能会发生信号退化或在电磁和磁法勘探中引入地球物理"噪声"。在微重力或地震勘探中，交通活动或风浪可能引起噪声。如果噪声超过了由目标引起的异常幅度，并且不能成功地去除，就无法检测目标。评估可能影响现场条件的最佳方法，是在设计阶段参观现场及（或）进行初步调查。

现场观测人员应充分了解勘探的目标，并注意设计方面的问题，以便及时报告实地情况与所做的任何假设条件的出入，从而在可能的情况下修改设计。他们应及时报告出现的任何意外情况，以及设计该勘探方案的地球物理学家可能不知情的、由钻井人员提供的所有地质资料。在与客户或过往行人的谈话中，他们也可能获得有关土地历史用途的有用资料，而这些资料也应一并送达。

1.3.2　为勘探做准备

利用目前在互联网上免费提供的地理数据，可以大大协助针对区域甚至局部地球物理勘探的设计。

谷歌地球不仅为地球物理学家所熟悉，而且几乎为所有能上网的人所熟悉。有可供免费使用的卫星图像和航空照片，而且质量和地理登记精度随地点而异。图像可以保存为.jpg文件，在此之前，可以使用标准.kml（ASCⅡ）或.kmz（二进制）文件叠加勘探区域轮廓或勘探网格。面积尺寸能够快速估计，并且可以与客户讨论并达成一致意见。这些图像也为规划通过农田的路线提供了实用的基础。"未雨绸缪，做好准备是成功的一半"（17世纪西班牙作家Miguel de Cervantes Saavedra）。

互联网上可用的高程网格不太为人所知，但同样有用。航天飞机雷达地形测绘任务（SRTM）在2000年2月使用卫星机载合成孔径雷达干涉仪在11天内获得数据。目标地块从56°S扩展到60°N，在该范围内（包含约80%的地球表面）至少99.96%的区域进行了一次海拔估计，至少94.59%的区域进行了两次海拔估计，约50%的区域进行了三次或以上的海拔估计。这些数据现在以1°的小方片的形式显示，在全球范围内选择分辨率精度为3″的数据（相当于赤道处的约90m）（SRTM3），在美国范围内可选择分辨率精度为1″的数据（30m）（SRTM1）。2009年，使用版本2.1处理过的数据集取代了版本2处理的数据集（尽管通常察觉不到）。

这种分布式的SRTM数据在地形坡度较大的地区存在数据缺口。这是不可避免的，因为这条狭长地带的宽度约为225km，卫星高度为233km，这导致一些区域无法由侧视系统成像。这些缺点在很大程度上已经在ASTER（高级星载热发射和反射辐射仪）数据中得到了克服，这些数据是1999年12月起由安装在美国Terra航天器上的日本仪器获得的。覆盖范围也更广泛，从83°S至83°N。与SRTM一样，ASTER数据以1°的小方片分布，但是全球范围内的分辨率精度为1″（约30m）。高程数据以GeoTIFF格式提供，每个数据文件都附带一个质量保证（QA）文件，每个像素表明数据的可靠性。

ASTER仪器在近红外条件下进行立体成像，因此可能受到云层的影响。在大多数情况下，这个问题是通过高度冗余来解决的

（因为任务持续的时间比SRTM的11天长得多），但在某些情况下，SRTM数据必须填充后使用。在一些没有SRTM覆盖率的地区，存在一些"坏"像素，其数值被标记为-9999。

ASTER所收集的数据量确实是巨大的，分析和验证是一个持续的过程。

1.3.3　程序

所有的勘探工作都需要遵守某种形式的程序，野外工作人员应确保在开始野外工作之前得到地球物理学家的同意。常见的情况包括但不限于：每日检查设备功能和灵敏度（有时根据目标的不同，使用目标种子）；测量站布置图（精确到指定的精度）；测量网格定位（根据之前商定的成图特点）；数据质量和可重复性检查的频率和性质；数据存档频率；可解释的现场日志的维护和格式；记录所有与客户的通信记录。猜测是办公室和野外现场之间所有错误沟通的根源，因此对约定程序的正式记录具有重要的价值。

1.3.4　元数据

地球物理工作的自动化进程发展很快，其重要性也与日俱增。有时，当所有信息都已被存储在野外笔记本电脑里时，人们可能还没有反应过来。这些笔记本电脑里不仅包含了正在使用的仪器所显示的数值，而且还包含位置和后勤数据以及其他重要信息，例如观察员的姓名。元数据这个术语现在被广泛用于描述这种非数值信息。现代的数据记录器在元数据的可输入范围上差异很大，但截至目前，还没有一种记录器达到可以完全不用笔记本电脑的程度。

1.4　地球物理野外工作

地球物理仪器的大小和复杂程度各不相同，但都是用来进行物理测量的，这类测量通常在实验室中进行，有时在条件恶劣的场地进行。它们在功率使用上应该是经济的、便携式的、坚固的、可靠的和简单的。当前可用的商业设备在不同程度上满足了这些标准。

1.4.1 选择地球物理仪器

似乎很少有仪器设计师尝试在现场长期使用自己的产品，这导致操作人员的舒适度似乎很少被考虑进去。此外，虽然在过去的50年里已经有了许多真正的改进，同时也引入了一些设计的特点，但不知为什么，实际上这使现场工作更加困难了。下面讨论的可折叠质子磁力仪就是一个很好的例子。

如果不同的工具原则上能够以相同的标准完成相同的工作，那么这些工具在实际应用中以下的一些考量就变得至关重要。

适用性：手册是否全面易懂？故障是否可以在现场修复？在使用它的国家内是否有修复重大故障的设施？当仪器在需要运往海外时是否存在在途中和海关长时间延误的风险？可靠性是至关重要的，但一些制造商似乎依靠他们的客户来评估原型机。

电源：如果使用干电池，它们是否是易于更换的类型？在大城市以外的地方能否找到？如果使用可充电电池，它们有多重？是否适合航空运输？无论何种电池，它们能让仪器在预期的野外温度下工作多久？在寒冷的气候中，电池寿命会缩短，如果电池用于使仪器保持恒温，电池寿命会显著缩短，因为不仅可用的电量会减少，而且所需的电量也会增加。

数据显示：数据在所有情况下都清晰易读吗？有些显示器在弱光下需要手电筒才能看到，而有些显示器在强光下几乎看不见。如果要显示连续的轨迹或剖面，需要使用大型显示器，但这样会很快耗尽电量。

硬拷贝：如果可以直接从现场仪器中生成硬拷贝记录，它们的质量是否合格？它们真的是永久性的吗？如果被淋湿或磨损，它们会变得难以辨认吗？

舒适度：长时间使用会使操作者残疾吗？有些仪器被设计成悬挂在穿过颈后的带子上，如果一定要将仪器水平地固定在这个带子上，那么不管在何种情况下这都会引起疲劳，并可能会导致实际的医疗问题。将带子穿过一侧肩膀和另一侧手臂下可以减轻压力，但并不是所有的器械都能用这种方式操作。

方便性：如果把仪器放在地上，它会直立吗？此外，电缆是否足够长，能否到达传感器的正常工作位置？如果传感器安装在三脚架或杆子上，是否足够牢固？传统的磁强计杆，由部分部件拧在一起形成尖头，以便卡进松软的地面，现在已被没有尖刺的铰接杆所取代，这种杆更不易携带，更易碎（铰链会扭曲和断裂），只有在完全扩展后才能使用，并且必须要一直支撑着。

现场适用性：控制旋钮和连接器是否受到保护，免受意外影响？外壳真的防水吗？潮湿草地上的保护是否取决于以某种方式放置仪器？控制台上是否有低洼，水会聚集在低洼处，然后不可避免地渗入其中？

自动化：目前生产的几乎所有仪器都采用了计算机控制。开关几乎消失了，每条指令都必须通过键盘输入。这减少了以前由开关产生的电"尖峰脉冲"引起的问题。但是，由于各种设置通常不是一直可见的，不合适的值可能会重复的错误使用。此外，由于需要访问嵌套菜单，有时会使简单的操作变得过于复杂。有些仪器在输入测线号和站号之前不允许从仪器中读数，在极端情况下可能需要知道到下一站号甚至是到下一条测线的距离。

计算机革命使野外地球物理学取得了真正的进步，但也有其缺点。最值得注意的是，在数据记录器内以数字方式存储数据的能力阻碍了对现场条件的记录。因为，无论这些现场条件如何重要，都不会出现在有限的选项范围内。这个问题将在1.7节中进一步讨论。

1.4.2 电缆

几乎所有的地球物理工作都涉及电缆，将仪器与传感器或电池连接起来，电缆可能很短，又或者长达数百米。电缆之间的感应（电磁耦合，也称为串音）可能是一个严重的噪声源。

电缆处理的效率是绝对必要的。长电缆总是容易缠结，通常是出于好意，试图用手和肘部做成整齐的线圈。"8"字形比简单的线圈要好，但即使如此，也需要专家来构造一个线圈，一旦从手臂上取下电缆，就可以自由转动。另一方面，一堆杂乱的电线松散地散落在地面上，却没有任何问题。基本规则是，每一束电缆必须沿相反方向进出；也就是说，最后拉出的电缆必须是第一根。从电缆束底部拔电缆的任何尝试几乎肯定会以灾难告终。

电缆束也不太可能造成永久性的扭结，而这种扭结通常是整齐的线圈的特征，这种扭结必须通过电缆自由悬挂和自然松开来消除。长度达到100m的地方很少见。

电缆束可以通过将电缆倾倒在敞开的盒子里而变得便于携带，在许多地震勘探中，爆破工用旧的炸药盒来装他们的火线。然而，在理想的情况下，如果要将电缆从一个地方运到另一个地方，则应将电缆缠绕在适当设计的卷筒上。即使这样，问题还是会发生。如果一根电缆是通过拉动它的自由端来解开的，卷筒不会因为拉力的停止而停止，此时自由运转的卷筒变成了一种有效但不整洁的编织机器。

卷筒作为背包携带时，应具有有效的制动作用，并且应是可反转的，以便可以跨过胸部携带并从站立位置缠绕。一些与地球物理仪器一起销售的卷筒完全不切实际，而且价格昂贵，还不如园艺中心的卷筒，甚至不如家庭自制的卷筒。

地球物理缆线对牲畜产生了一种近乎催眠的影响，众所周知，牛群会放弃茂盛的牧场，而选择在午夜跋涉，穿过树篱和沟渠来寻找它们。不仅延误了调查，而且咀嚼带电导体还会杀死珍贵的动物。必须时刻保持警惕。

1.4.3 连接

鳄鱼夹通常适用于单芯电缆之间的连接。多芯电缆之间的连接必须用重型插头（Heavy plugs），这通常是整个现场系统中最薄弱的环节。尽量不要把它们放在地上，放在地上时动作要轻柔一些。如果没有可以拧上的盖子加以保护，用塑料袋或"保鲜膜"加以防护。必须保护它们不受砂砾和湿气的影响。故障通常是由污垢引起的，污垢会增加插座插头触点的磨损，且几乎无法清洗。

插头应该夹紧电缆，否则所有应变都将由连接到单个引脚的弱焊接承担。电缆将不可避免地在线夹之外反复弯曲，在这些地方，绝缘套管内的电线可能会断裂。如果插头有任何断裂，又或是插头内部的一个断裂或易断接头，都意味着需要用烙铁焊接。当插头被旧焊料固定时，这绝非易事，在许多电线挤在一个插头中时尤其困难。

可以通过确保在移动时，插头始终随身携带且从不拖在地上而将插头的问题最小化。应始终使用双手，一只手握住电缆以承受突然拉扯的拉力，另一只手支撑插头本身。收紧电缆的速度不得超过舒适的步行速度，并且在将最后几米缠绕在卷筒上时需要特别注意。卷筒上应装有夹子或插座，不用时可以固定插头。

1.4.4 雨中的地球物理调查

地球物理学家们围着他们的仪器，成为雨、雹、雪、灰尘、蚊子、蛇和狗的"目标"。他们最有用的野外服装通常是一件大的防水斗篷，用它不仅可以把自己裹起来，还可以连同他们的仪器一起缩进斗篷里继续工作（图1.8）。

图1.8　地球物理中斗篷的作用

保持电子设备和观测者干爽，只留传感器瓶暴露在外；观察者可以退得更远，
以观察显示器中的示数

在雨中依靠直接或近距离接触地面的电法测量一般无法工作，大雨也可能是地震噪声的来源。但其他类型的测量可以继续进行，因为大多数地球物理仪器应该是防水的，而有些仪器实际上确实是防水的。但是，除非能保证天气干燥，否则现场工作人员应提供充足的塑料袋和塑料布来保护仪器，并提供纸巾来擦干仪器。使用仪器时，通常可以用大的透明塑料袋把仪器完全密封起来，但即使这样，冷凝作用也会产生新的导电通道，导致仪器读数漂移和不稳定。仪器内的硅胶可以吸收少量的水分，但不能处理大量的水分，此时基地里的便携式吹风机变得至关重要。

1.4.5　地球物理工具箱

无论所涉及的地球物理仪器是什么类型，都可能需要类似的工具。现场工具包应包括以下内容：

长鼻钳（越长越薄越好）；

槽头螺丝刀（一个非常细的，一个正常的）；

飞利浦螺丝刀；

六角扳手（公制和英制）；

手术刀（轻的，一次性的类型是最好的）；

钢丝切割器或剥离器；

电接点清洗剂（喷雾）；

尖头12V烙铁；

焊料和吸锡器；

万用表（主要用于线缆导通性检查和电池检查，所以体积小和耐用性比高灵敏度更重要）；

手电筒（可独立站立，可兼作台灯或"头灯"）；

放大镜；

绝缘胶带，最好是自粘带；

强环氧胶或"强力胶水"；

硅脂；

防水腻子；

备用绝缘和裸线，连接器；

备用绝缘套管；

厨房用布、纸巾；

塑料袋和"保鲜膜"。

此外还需要一个全面的急救箱，许多国家都有这样的立法。

1.5　地球物理数据

地球物理读数可以是真实的物理点上的数据，但也可以使用由场源和探测器构成的排列来获得，在这种排列中，场源与探测器是分开的，测量值对应的位置在二者之间而不是在它们对应的位置上。大多数情况下，读数将受到排列方向的影响。准确的现场注释总是很重要的，如果涉及排列，则尤其重要，因为必须要定义读取点的位置并记录排列的方向。

如果发射机、接收机和/或电极呈直线排列，且整个阵列可以在反转的情况下不改变读数，则应将中点视为读数点。非对称排列需要使用特殊的符号，定位误差概率的增加是避免使用非对称排列的一个原因。在地震工作中，记录震源和检波器的位置必须十分小心。

1.5.1 站点编号

站点编号应符合逻辑和一致性。在沿着测量导线收集数据的地方，基站应该定义为与测量网格相关的位置。在基站3和基站4之间填入3¼、3½和3¾是不明智的，且可能会造成各种输入错误，而将间距50m的基站300E和350E的中间位置定义为325E则是简单和明确的。将一个站点标记为300+25E没有明显优势，这中间使用了一个加号，在野外数字系统或后续处理中，可能还需要使用一个加号来代表N或E。避免在定义网格原点时使用S或W站号标记是一种很好的做法，这对于无法处理负值或方向的数据记录器是必要的。

随机分布在某一地区的站点最好按顺序编号，这一点毋庸置疑。在野外，站点的位置可以标记在野外地图或航空照片上，并在一侧贴上标签进行记录。在野外，从地图上直接读取坐标看似简单，但容易出错，并因此浪费宝贵的时间。现在常常从GPS接收机获得站点坐标（第15.2节），但是可能需要差分或RTK（实时动态）

GPS为详细的测量提供足够的精度。

如果一项勘探活动中有多个观测员，很容易重复采集数据。所有的现场记录簿和表格都应记录测量员的姓名。当出现问题时，解释人员或数据处理人员需要知道应该找谁。

1.5.2　记录结果

地球物理的成果主要是数据，比野外地质的定性观测成果更需要仔细地加以记录。记录的句子有时很难读，但最终都可以辨认出来，但一组数字可能完全无法辨认，甚至可能被误读。需要特别注意的是，地球物理观测员通常比地质学家要忙得多，因为他们工作中使用的仪器可能会发生读数漂移问题，或以惊人的速度消耗电池的电量，或每天需要支付高昂的租金。

当然，数字不仅会被误读，还可能被误写。野外记录数据的环境各不相同，但是很少是理想的场所。测量员通常待在要么太热，要么太冷，要么太湿，要么太渴的地方。在这种情况下，他们可能会删除正确的结果，代之以错误的结果。因此，不能擦除记录在地球物理野外记录簿上的数据，所有的更正应该是划掉不正确的内容，但要保持它们的易读性，并在旁边写上正确的值。这样，即使修正是错误的，也可以挽救一些内容。如果要尽量减少错误，就必须执行严格的上报标准并遵循严格的程序。在每个站点的位置上读两次仪表，并记录两次的读数，可以减少重大错误的发生。

地球物理数据往往在最后都会丢失。地质笔记上的一些定性观察结果可以通过记忆重新记录，但里面一串串的数字就没这么幸运。因此，复制记录是必不可少的，并且应在野外使用复印纸或复写纸进行，或每天晚上将成果抄录一份。无论使用哪种方法，复制件完成时必须立即与原件分开，然后分开存放。如果副本与原件一起存储，然后一起丢失了，那么这种复制就是没有用处的。当然，复制同样适用于存储在现场仪器的数据记录器中的数据。这些数据应该每天晚上下载、检查和备份。

数字化的数据记录器可以极大地简化现场操作，但通常不适用于存储非数字元数据。这种设计特点忽略了这样一个事实，即观测者被单独安排来记录和注释许多可能影响地球物理结果的地形、地质、人工的（文化）和气候因素。如果他们没有这样做，他们收集的数据可能会被错误地解释。如果数据记录器不在使用中，注释通常应记录在笔记本上，并与相关读数一起记录。如果数据记录器正在使用中，则必须在其他地方存储足够的补充位置数据。在考古和现场调查中，大量的读数是在非常小的区域进行的，带注释的草图通常非常有用，而且有可能是必不可少的。当测点或测线与环境特征之间的距离很重要时，应该绘制草图。现场观察员也有责任向他们的地质或地球物理同事传递那些只有他们能访问的地方的信息。在这些有用的地方，他们应该做好记录倾角和走向的准备，也许还应该带回岩石样本。

1.5.3 准确度、灵敏度、精确度

准确度必须与灵敏度区分开来。例如，现代重力仪可能对$1\mu Gal$的磁场变化敏感，但只有仔细地进行读数并且正确地进行了漂移和潮汐校正后，才能达到同等的准确度。因此，准确度受仪器灵敏度的限制，但不是由后者决定的。精确度只与结果的数值表示有关（例如所使用的小数位数），并且应该始终与准确度相适应（见例1.1）。多余的精度不仅会浪费时间，其所代表的数据准确度也可能是错误的。

例1.1

重力读数＝858.3刻度单位

校准常数＝0.10245mGal／刻度单位（见第2.2.6节）

换算读数＝ 87.932835mGal

但读数准确度仅为0.01mGal（近似），因此换算读数＝87.93mGal

（注意，校准常数需要小数点后五位精度，因为858.3乘以

0.00001几乎等于0.01mGal）

有时，地球物理测量结果的准确度比解释人员所需要的或使用的准确度更高。但是，随着技术的发展，后期有可能会对这些数据进行更为有效的分析，因此应尽量获取具有更高准确性的数据。

1.5.4 漂移

如果在同一个地方重复读数，地球物理仪器记录的结果通常并不相同。漂移可能是由于背景场的变化引起的，但也可能是由于仪器本身的变化引起的。漂移校正通常是数据分析的第一阶段，通常以基站的重复读数为基础（见下文第1.6节）。

漂移通常与温度有关，如果开始测量时温度较低，而测量结束是在温度高出开始时10℃或20℃的中午，这两个读数之间的漂移不一定呈线性关系。因此，一个测量循环可能只能限于1h或2h之内。

背景场的变化有时被视为漂移，但在大多数情况下，这些变化要么可以直接监测（如在磁场中），要么可以计算出来（如在重力场中）。由于人们常常忽视仪器存在的一些问题，因此如果可以通过监测或计算得到漂移值，最好使用它们。漂移应当由施工人员在勘探区域进行计算，以便在漂移校正结果可疑时进行重复读数。

1.5.5 重复性

重复的数据对于检查仪器是否符合规格是至关重要的。理想情况下，对每一个测量网格，在移动到下一个网格之前，应该在该网格上完成一条重复的测线。对于直测线或曲线勘探，至少需要5%的重复数据。重复测线的数据实现了两件事——它们保证了仪器的响应是一致的，并且提供了测量定位精度的方法。在地球物理异常较小的地方，由于信噪比较低，在每个测量网格中收集多条重复测线数据是比较审慎的做法。在需要微伽级分辨率的重力勘探中，可能需要在每个循环中重新使用两个或更多的基站。在调查开始之前，应与客户讨论重复测量的要求并达成一致。

1.5.6 检测极限

对地球物理学家来说，信号是勘探的对象，而噪声则是虽然测量到但被认为是没用信息的任何其他信号。利用地球物理来定位目标在一定程度上类似于接收手机信息，如果信噪比高（良好的"接收"），可以在接近探测理论极限的地方找到目标；如果信号很弱，就不能识别出足够多的、能够让人理解的"对话内容"，甚至完全失去"连接"。"人工填筑"地面通常含有干扰地球物理信号的物质，因此，即使信号很强，信噪比也可能很低，这样就不可能分辨出目标了。

一名观测员获取的信号对另一名观测员来说可能就是噪声。埋在地下的管道引起的磁场效应对现场开发人员来说可能是无价的，但用地质术语解释磁场数据时，它又是令人讨厌的。许多地球物理野外工作都要求提高数据的信噪比，许多情况下，如在磁力勘探中，背景场的变化是一种噪声源，必须加以精确监测。

1.5.7 方差与标准差

随机噪声统计在地震、探地雷达、辐射测量和感应极化（IP）

勘探中具有重要意义。将N个平均幅值为A的随机序列相加，得到幅值为$A\cdot\sqrt{N}$的随机序列。因为N个具有相同的平均振幅A的信号这样处理时会产生幅值为$A\times N$的信号，将含有随机噪声的N个信号相加（叠加），可使信噪比提高$\sqrt{N}$倍。

随机的变化可能符合正态分布或高斯分布，产生钟形概率曲线。正态分布可用平均值（等于所有值的和除以总数来表征值的数量）和方差（V，定义在图1.9中）或其平方根、标准差（SD）来表示。正态分布中，约有2/3的读数在平均值的一个标准差（1SD）范围内，与平均值的差距小于0.3%，相差超过3个标准差（3SDs）。因为一个小的值可以有效地掩盖几个主要的错误，因此，在对勘探可靠性报价时，标准差很受承包商的欢迎。然而，在地球物理勘探的众多分类中，很少能获得足够的现场数据并有效地用于统计分析，在不能证明分布是正态分布时，往往假定分布是正态分布的。

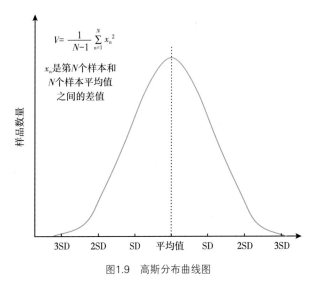

图1.9　高斯分布曲线图

这条曲线是对称的，它下面大约2/3的面积
在平均值的一个标准差之内；V—方差

在未爆炸弹药（UXO）勘查中，建议对数据（背景和目标相关）使用高斯分布和更复杂的统计摘要分析，其中置信度是最为重要的，以便对探测保证度进行量化（在与传感器的间距内能够保证100%置信度的检测到具有一定大小的目标）。这一措施将因场地的不同而有所不同，即便在同一个场地内，也取决于填筑地面或地质的不同组成成分以及目标的大小。

1.5.8 异常

只进行一次的地球物理观测，在大多数情况下是没有意义的。通常，需要采集许多数据，而且在开始对其进行解释之前必须先要确定区域背景信号的水平。解释人员关心的是异常信号——那些与恒定或平稳变化的背景信号不同的部分。异常有多种形式。含有磁黄铁矿的块状硫化物矿床密度大，具有磁性和导电性（表1.2），针对该矿体的各类地球物理勘探记录的典型异常剖面如图1.10所示。各种可能的轮廓模式对应于这些不同形状的剖面。

背景场也在变化，可能在不同的尺度上呈现为异常。例如，"矿化"重力异常可能由于一大块儿基岩而呈现大范围高值异常。将区域背景与残差分离是地球物理数据处理的重要组成部分，即使在野外，也可能需要对背景进行估计，以评估局部异常的意义。剖面上，肉眼估计的背景场可能比用计算机得到的背景场更可靠，因为实际上不可能编写一个计算机程序来生成不受异常值影响的背景场（图1.11）。然而，如果数据不是从单独的几条测线中得到的，而是来自一个区域，计算机方法是必不可少的。

异常的存在表明了现实世界与某些简单模型的差异，在重力场勘探中，自由空间异常、布格异常和均衡异常常被用来表示与地球参考模型之间的差异。这些所谓的"异常"有时在一个小的勘探区

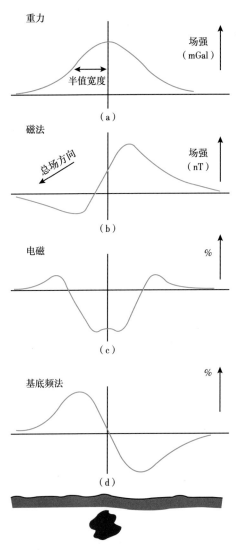

（a）重力异常的振幅可能是十分之几毫伽；（b）磁异常的振幅可能是几百
毫微特斯拉（nT）；（c）电磁异常为双线圈共面系统和（d）倾角系统，
二者的振幅均不会超过20%

图1.10 含磁黄铁矿硫化物块体的地球物理剖面图

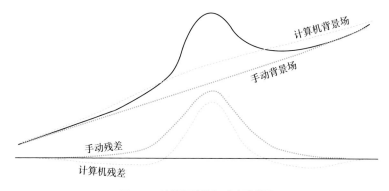

图1.11　计算机残差和手动残差图

由人眼绘制的背景场识别区域异常与局部异常的分离，其对应的残差异常可能较好地逼近了局部源的实际效果；计算机绘制的背景场由于局部异常的存在而产生偏置，相应的残差异常在其两侧形成槽形

域内几乎是恒定的——也就是说，这个探区不是异常的！使用诸如布格重力（而不是布格异常）之类的术语可以避免这种混淆。

1.5.9　波长和半值宽度

剖面中的地球物理异常通常类似于瞬态波，是在空间上而不是时间上发生变化。尽管使用波数（单位距离内完整波的数量）这一概念在理论上是正确的，但在描述它们时，经常使用频率和频率成分这两个术语。波长可以准确地描述空间变化量，但在涉及地球物理异常的情况下，这种使用是不精确的，因为描述为具有单一"波长"的异常将通过傅里叶分析分解为具有不同波长的若干成分。

一个更容易估计的量是半值宽度，它等于振幅下降到最大异常值一半的两点之间距离的一半（图1.10a）。这大约等于主频正弦分量波长的四分之一，它的优点是可以在现场数据上直接测量。波长和半值宽度很重要，因为它们与场源的深度有关。在其他条件相同的情况下，震源越深，异常范围就越大。

1.5.10 结果展示

沿导线测量的结果可以用剖面的形式表示，如图1.10所示。通常在现场就可以绘制剖面图，或者至少在每天的晚上，随着工作的进展绘制剖面图，这些剖面图对质量控制非常重要。现在大多数现场工作人员都携带有笔记本电脑，这可以减少相关的工作量，许多现代仪器和数据记录器会在工作进行的同时实时显示剖面。

在地形图上绘制的测量导线可作为地球物理剖面的基线。这种表示方式对于识别由人工地物引起的异常特别有用，因为与诸如道路和牧场等人工地物的相关性非常明显。如果将沿着多个平行测量导线的剖面以这种方式绘制在一张图上，那么这些剖面就被称为是"堆叠"的，这个词在其他地方表示将多个数据集相加形成一个数据集结果（参见第1.5.7节）。

过去，只有在需要快速确定某些构造走向以便规划加密测量工作时，才会在实地绘制等值线图，但笔记本电脑的普及大大减少了相关的工作量。然而，由于通常不可能选择一个能够真实记录原始数据所有特征的等值线间隔，信息在轮廓绘制中丢失了。此外，等值线是在没有数据的测量导线之间绘制的，不可避免地会引入某种形式的噪声。因此，对等值线图案的检查并不是质量控制的最优方式。轮廓横截面（伪断面）用于显示某些类型的电法勘查的结果。

在工程现场勘察、污染监测和考古中，关注的目标通常离地表很近，它们在平面上的位置通常比它们的深度重要得多。此外，它们可能很小，并且只在非常小的区域产生可检测到的异常，因此必须在间隔非常紧密的网格上采集数据。如果使用调整后的背景值来确定可由图像处理技术操作的图像元素（像素）的颜色或灰度色调，往往可以将数据最有效地呈现出来。这样，对数据的解释就可以依赖于模式识别，单个像素值就不那么重要了。眼睛可以过滤噪声，从图1.12中的样式很容易就能看出这是与人类活动相关的。

图1.12　考古遗址上图像处理后的磁场数据（经欧文·斯科勒教授许可转载）

也可以将等值线结果叠加在"谷歌地球"或其他图像上。有许多工具可以做到这一点，从完整的地理信息系统（GIS）到更简单的软件包，如Global Mapper。一些方法还允许调整基于像素的叠加图像的透明度，以便将地面特征与地球物理数据中的模式相关联。这可能是一个强大的解释工具，当然，前提是在调查时所拍摄到的地面特征确实存在。这也是向客户展示结果的一种有价值的方式。

1.6　基站和基站网络

基站在重力勘探、磁力勘探以及一些电法和放射性法勘探工作中很重要。它可能是：

（1）漂移基站——标记读数序列的开始和结束并用于控制漂移的重复测量的站点。

（2）参考基站——已经建好的、用于测量信号场的站点。

（3）昼夜基站——用于测量背景场的站点，而在其他地方读取信号场的值。

单一的基站至少可以完成这些功能中的一项。一项勘探活动的可靠性，以及后续的工作是否容易与之挂钩，往往取决于这些基站的质量。在后面对应的章节中考虑了具体的地球物理方法对基站的具体要求，而下面讨论的是适用于多种勘探的过程。

1.6.1　基站原则

没有绝对的理由可以说清楚为何这三种基站之间需要保持一致，但是，如果每一个漂移基站同时又是参考基站，那么测量往往会更简单，误差也会更少。如果像通常情况那样，现有的参考点太少，则无法有效地完成测量，这种情况下，测量的第一步应该是建立一个适当的基站网络。

昼夜基站不是基站网络中必需的一部分，而且，由于两个仪器不能同时放置在完全相同的点位上，因此实际上这种基站使用起来不太方便。但是，如果必须要使用昼间监控器，那么每天的工作通常会从启动它开始，并以关闭它结束。这种情况下，在监测位置或附近的漂移基站上，从现场仪器中读数是一种很好的做法，要记录下基站和现场仪器同时读数之间的任何差异。

1.6.2　ABAB标定

基站间通常使用ABAB标定连接在一起（图1.13）。在基站A得到一个读数，然后尽可能快地把仪器移到基站B，再次重复在基站A和基站B之间读数。读数之间的间隔时间应该很短，这样就可以假定漂移（有时也可以假定为背景变化）是线性的。在基站B处的第二次读数也可能是将基站B连接到基站C的类似一组数据中的第一次读数，这个过程称为前向循环。

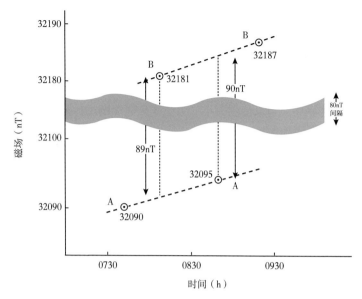

图1.13　基站间的ABAB标定示意图

使用1-nT仪器进行磁力测量时，两站之间的估计差值为89nT；请注意，绘图
比例尺应与仪器的灵敏度相适应，并可能需要"移去"图上的某些范围，
以便绘制的点有足够的精度

每组4个读数能提供在这两个基站之间的两个场强差异估计值，如果二者在仪器精度范围内（图1.13中为±1nT）不一致，则应进一步标定。

两个站点间的场强差异应该在现场直接计算出来，以便可以随时添加其他站点并进行标定。

1.6.3　基站网络

大多数现代地球物理仪器都是精确的，而且很容易读数，因此任何两点之间读值差的ABAB估计误差都应该很小。即使这样，在扩展出来的一系列链接的末尾获得的两个站点的最终读值差可能包含相当大的累积误差。如果基站系统为一个网络的一部分，其中每个基站都与至少两个其他基站链接，则可以确保基站系统的完整性。通过将每个循环周围的差异求和，并适当考虑符号，可以计算出闭合差，然后通过对每个差异进行最小可能的调整，将其减少为零。图1.14中的网络非常简单，通过检查就可以进行调整。对于更为复杂的网络，可以使用最小二乘法或其他准则由计算机调整，但在小规模的测量中通常不需要这样做。

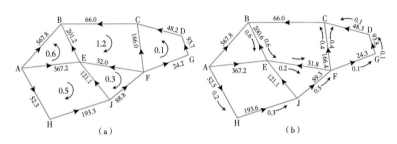

（a）循环BCFE中1.2单位的闭合差表明，在"不受支持的"连接BC或BE中存在较大错误，BE是与另一个存在大闭合差的循环共享的唯一连接；（b）在假设BC已检查并发现其是正确的，但无法进行其他检查的情况下进行的调整

图1.14　网络调整示意图

1.6.4　基站选择

对基站进行充分的描述是很重要的，并在情况允许时进行永久性标记，以使后期扩展基站或加密基站时可以通过重复使用相同位置的基站与以前的工作联系起来。混凝土或钢做的标记很容易有意无意地损坏，通常最好的办法是，根据最有可能是永久性的现有地物特征来描述基站位置。在任何一个测量区域，都会有这样的点，由于人为或自然特征的存在而显得与众不同。书面描述和草图是保存信息的最好方法，并且便于将来再次使用。如图2.7所示的草图通常比照片更好，因为它们可以突出重点。

永久性可能是一个问题，在国际机场维护重力基站几乎是不可能的，因为修筑工作几乎总是在进行中（而且，现在如果试图在机场附近操作地球物理仪器很可能会触发安全警报）。大地测量标志通常是可靠的，但可能是在孤立和无遮掩的位置。雕像、纪念碑和历史或宗教建筑往往提供的场所不仅是安静和永久的，而且还可以遮风挡雨。

1.7　实时分析

在过去的20年里，用于小规模勘探的地球物理设备的自动化已经从一件稀罕的事情发展成为一种现实。尽管许多较老的仪器仍在使用中，并提供有价值的服务，但它们现在与拥有40年前将人类送上月球所使用的那种计算机能力的变种仪器竞争。

1.7.1　数据记录器

将数据记录器集成到地球物理仪器中有其缺点。至少有一家制造商自豪地宣称"不需要笔记本电脑"，然而该设备只配备了一个数字键盘，因此无法将文本注释（元数据）输入（足够多的）内存。有的自动化仪器显示的数据非常小且处于不引人注意的位置，没有考虑到观测者在收集数据时应该去检查或想到这些数据。遗憾的是，在这方面的担心往往是有道理的，部分原因是，即使读数本质上是不连续的，现在也可以快速地获取和记录下来。因此，质量控制常常依赖于事后对整个数据集的回放和显示，每天至少进行一次这样的操作是绝对必要的。正如奥斯卡·王尔德（Oscar Wilde）可能会说的（如果他选择了野外地球物理学的职业），如果说花几个小时记录一堆垃圾是一种不幸，那么用不止一天的时间来做这些事情，看起来就像粗心大意了。

　　如果希望通过拖曳、推动或沿测量导线移动仪器来提供几乎连续的读数，那么无论是"内置"还是附加的自动数据记录仪都是必不可少的。在许多情况下，操作人员所需要做的就是按下一个键来启动读取过程，然后以恒定的速度沿着测量导线走，并在测线完成时再次按下这个键。在超过20m长的线路上，应该使用额外的按键来"标记"中间通过的测点，但是如果将DGPS单元集成到系统中，这种做法就不必要了（见第15.2节）。目前，许多仪器可以记录GPS数据，并可以使用 GPS信号作为公共时间基准进行同步，从而使移动过程中记录的位置精度达到近 1m，这种系统相对便宜，数据质量没有显著损失（图1.15）。用仪器实地采集过数据的点位上的永久记录，除了能够保证进行导线测量时具有更高的效率、设置测量网格时用的时间更少之外，还可以用于质量控制。

图1.15　结合差分GPS导航系统的磁强计连续测量示意图（由Geometrics提供的照片）

除非在处理GPS和磁传感器之间的偏移量时考虑到修正量，
否则绘制出来的异常位置可能是错误的

1.7.2 车载系统

在中、大规模的地球物理勘探中，开始越来越多地使用车载系统，这对于那些（像笔者一样）背着仪器通过步行进行测量、并被折磨地筋疲力尽的人来说，是一个特别受欢迎的趋势。图1.16所示的系统是一个很好的例子，说明了我们的生活能够变得更加简单。它用来采集描述断层的地面电导率数据，使用 Geonics EM31-Mk2 和具有EGNOS功能的DGPS系统（见第15.2节），空间精度为2m，所需的时间不到步行时间的三分之一。

图1.16 安装在沙滩车上的Geonics EM-31电磁仪

感应电流将在车辆内和地面上流动，但应保持合理的恒定值

大多数连续采集数据的地球物理仪器都可以采用这种安装方法，如果测线间隔超过2m，则可以在面积超过5km²的开阔地区取得显著的成本效益。农用四轮车是首选的交通工具。需要注意的预防措施是需要定期检查卫星的覆盖范围，确定对目标进行成图所需

要的站点间距，保证车辆前进的速度与该间距一致。打开油门就能多增加几条测线的感觉实在是很棒的!

1.7.3　拖曳系统

如果测量使用的车辆变成了测量工作的噪声源，那么在车辆上安装传感器是不可取的。将多系统测量所需的所有设备安装在车辆上，同时仍然为驾驶员留出足够空间可能也很困难。用特制的雪橇把仪器拖到车辆后面是一个更好的选择。利用图1.17中的拖曳系统，记录大地电导率、自然伽马和多个全场磁力仪的综合数据，按照计划的线性路线，同时绘制浅层地质沉积物、横切管线、考古特征和埋坑的地图。使用具有EGNOS功能的DGPS系统（见第15.2节）能够记录大约2m空间精度的位置。

图1.17　将多个系统安装在特制的木制雪橇上

为了提高扫描靶场和战场的效率，美国开发了最先进的多仪器平台，采用多磁力计和时域电磁系统同步，使它们互不影响。该系统不仅利用实时GPS控制，而且与惯性导航单元集成，在GPS信号较差的情况下提供精确的航迹推算导航。与单一的测量相比，这些平台比依靠步行的测量节约了巨大的成本。谈判获得土地使用权的费用也可以大大减少，因为对这些地方只需要进行一次测量。

设计拖曳系统具有一定的挑战性。信号源如果距离无关传感器太近而没有进行传输和数据捕获同步，就会干扰它们，因此必须仔细设计传感器的布局。如图1.17所示的系统在相当平坦的地形和干燥的条件下工作良好。如果是在地形起伏和潮湿的天气中，沿着平板电脑屏幕上几乎看不清的测量网格行进的同时，还需要监控多个仪器的状态，这种靠双脚沿着测线艰难跋涉的日子实在是了无生趣。处理数据量的增加和确保多个数据集的精确同步也很重要，这需要一套严格的程序，包括每天对可重复性和灵敏度以及拖曳车辆的影响进行测试。从一个或多个数据通道中放弃测量也是不可避免的。这一过程并不适合懦弱之人，商业测量需要有运行多仪器平台的经验，以及细致的规划。

1.7.4 连续记录数据中的错误

半连续作业的一个后果是在大地测量中出现各种误差，这些误差曾经在航空测量中很常见，现在几乎通过改进的补偿方法和GPS导航消除了。这些误差大致可分为视差误差、航向误差、离地间隙/耦合误差和速度变化引起的误差。

在图1.15所示的便携系统中，由于磁传感器比GPS传感器超前约1m，可能会产生视差误差。类似的错误也可能发生在通过数据记录器上敲击键盘来记录位置的测量中。当操作员（而不是传感器）通过一个测量桩时，如果按下按键，所有读数都将与它们的实际位置有一定的位移。如果像标准的做法一样，在测量网格的隔行线上以相反的方向测量，则会使线性异常呈现出人字形图案

（图1.18），其峰值的位置根据操作员行走的方向前后波动。

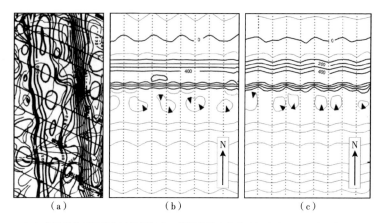

（a）　　　　　　　　（b）　　　　　　　　（c）

（a）在线性航磁异常的峰值处闭合，该异常是由等值线程序造成的，该程序寻求（与大多数程序一样）平衡各个方向的梯度。在（b）中，异常南侧间隔很近的等值线"气泡"中可以看到类似的效果；在这两种情况下，实际数据都不需要与（a）中的测量导线和（b）中的离散点相似的特征。（b）"人"字形图案是由于在相反方向中，测线上背景水平的一致差异引起的（请参见正文中的讨论）；这种效应在大的主异常（100nT间隔的粗等值线）上几乎不明显，但在10nT间隔的低梯度区域则非常明显。（c）由于视差误差造成的"人"字形；在这种情况下，不管异常大小如何，沿着相反方向记录的测线的等值线"切割"之间存在一致的偏移

图1.18　线性异常在自动生成的等值线中的畸变现象

　　如果允许离地间隙变化，则在航空勘测中可能会产生错误的异常现象，现在在大地测量中也可以观察到类似的影响。将如图1.15所示的传感器保持在地面以上的恒定高度并不容易（尽管把它悬挂一个轻便灵活的"吊杆"会有所帮助）。在平地上，操作员的动作往往会产生一种有节奏的效果，这种效果有时会出现在等值线地图上，即与测量导线成直角的"条纹"，因为在绘制等值线时，相邻线上的波峰和波谷相互连接。在斜坡上，这种情况不可避免。此时，将携带的传感器放置在观测员的前面，传感器在上山时比下山时更接近地面。这种效果如何出现在最终的地图上，将取决于地形

的变化特点，但在一个坡度恒定的地区，与导线测量方向相反的平行线上，背景信号的变化趋势是不同的。在梯度变化较低的地区，这会在一些等值线上产生人字形效应（图1.18）。

由于飞机对传感器的影响取决于飞机的方位，所以在航空测量（特别是航磁测量）中会出现航向误差。如果观测者携带有钢铁材料，在地面磁力测量中也会产生类似的效果。这些物体的感应磁化将根据人的朝向而变化，产生类似于上面描述的由恒定斜坡产生的效应。

在GPS导航引入之前，航空测量中的航迹恢复依赖于像点间的插值。必然地，此时假定这些点之间的地面速度是恒定的，如果不是这样，测量的异常就会移位。类似的效果现在可以在记录数据的地面调查中看到。异常出现轻微位移的常见原因是观测者要么在测量开始时先按下了开始键，然后才开始行走；要么在测量结束时先停止行走，然后才按下停止键。要避免这些影响，可以坚持让观测者在记录开始之前就开始步行，然后继续行走，直到安全通过终点。然而，如果速度变化是由于崎岖不平的地面引起的，最多可以做的是增加"标记"点的数量。

2

重力法

岩石密度的差异会造成地球重力场的微小变化，这些变化可以用称为重力仪的便携式仪器来测量。

2.1 重力法的物理基础

两个质点m_1和m_2之间的引力由牛顿定律给出：

$$F = G \cdot m_1 \cdot m_2 / r^2$$

重力常数G的值为$6.67 \times 10^{-11} \mathrm{N \cdot m^2/kg^2}$。在国际单位制中，重力场是以牛顿每千克为单位来测量的，它等价于加速度，二者在数值上也相同，通常使用的单位是$\mathrm{m/s^2}$。对于地球物理工作而言，这个单位有些不方便，一般需要除以一百万以产生更实用的"重力单位"（$\mu \mathrm{N/kg}$，$\mu \mathrm{m/s^2}$或"g.u."）。原则上，g.u.早就应该取代c.g.s.（厘米–克–秒单位制）。"milliGal"（mGal），1mGal即10g.u.，但旧单位一直存在着，这是由于几乎所有的设备手册和大多数出版物都使用它，本章也使用它。

2.1.1 地球重力场

地球的重力场大约等于一个具有相同平均半径和总质量的球体的重力场，但是从赤道到两极略有增加（大约增加0.5%，或5000mGal）。在极点和赤道，重力场随纬度的变化率为零，在45°纬度以北或以南达到每千米0.8mGal的最大值（图2.1）。1967年国际重力公式（IGF67）描述了"标准"海平面重力与纬度（λ）之间的关系，以mGal为单位。

$$g_{norm} = 978031.85 + 5162.927 + \sin^2\lambda + 22.95\sin^4\lambda$$

根据该公式，理论上赤道上的海平面重力是978031.85mGal。

这个公式取代了1930年早期的版本，只是常数项略有不同，包括早期赤道海平面重力为978049mGal。一旦认识到当时的"波茨坦"系统的基站的绝对重力值误差约为16mGal，就有必要改变公式，纠正这一误差也基于对地球形状认知的提高。与IGF67兼容的国际基站网络称为IGSN71。在测量中仍然很常见的是，应用于 IGSN71 基准的1930年的公式，或应用于波茨坦值的IGF67公式，这些公式导致纬度校正值的误差有时超过16mGal。

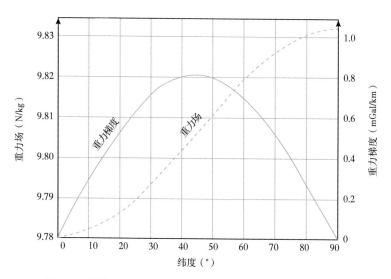

图2.1 理论海平面重力场的变化及其对应的南北向随纬度的变化率

理论上在东西向没有变化

近年来开始使用的公式与1980年大地测量基准系统（GRS80）兼容，但是更为复杂，该公式如下：

$$g_{\text{norm}} = \frac{978032.67715\left(1+0.001931851353\sin^2\lambda\right)}{\left(1-0.0066943800229\sin^2\lambda\right)^{1/2}}$$

这个值和IGF67之间的差异约为0.8mGal，主要是来自与高程相关的、对空气质量的额外校正：

$$\delta_g = 0.874 - 0.000099h + 0.00000000356h^2 \ (\text{mGal})$$

如果把这一修正包括在内（它常常被忽视），1967年和1980年公式之间理论重力场的实际差别通常比单个重力站绝对重力场的误差小。由于不需要改变基站测量值，因此人们普遍认为这种转换并不急迫，因此进展缓慢。许多组织不愿采用新标准的原因是，几乎每年都会有进一步改进的建议被提出来，但这对实际的重力场处理影响甚微。

重力测量是有用的，因为地下的变化可以产生能够测量的、与理论场不同的差异。一个大型沉积盆地可以使重力场降低100多mGal，而像大型矿体这样的目标可能会产生一毫伽级的异常。天然洞穴和人工洞穴（如矿井）的影响通常比较小，即便非常接近地表，也是如此。因此，重力差的测量精度至少要达到0.01mGal（大约地球磁场的一亿分之一），这也是大多数手动仪器的灵敏度。自动仪表和所谓的"微重力仪"的读数精度为microGal（μGal），但即便其制造商也不能保证它们的精度始终高于3μGal。

地形的影响可能要大得多。仅海拔高程一项，在海平面和珠穆朗玛峰峰顶之间就能产生近2000mGal的重力差。

2.1.2 岩石密度

国际单位制中密度的单位是kg/m³，但是g/cm³使用更广泛，因为使用后者的密度在数值上与c.g.s.单位制系统中的值相同，其中水的密度为1个单位。一些常用材料的密度见表1.2第一列所示。大多数地壳岩石的密度在2.0~2.9g/cm³。在重力测量工作的早期，上层地壳采用2.67g/cm³的密度作为标准，至今仍广泛用于标准化重力图的建模和高程校正计算。

2.2 重力仪

在过去的70年里，陆地上绝大多数的重力测量都是用带有不稳定（无定向）弹簧系统的仪器来完成的，在可预见的未来，情况似乎仍将如此。重力测量之所以复杂，是因为这些仪器测量的是重力差，而不是绝对场强。

2.2.1 无定向弹簧系统

无定向系统使用零长度的主弹簧，其中张力与实际长度成正比。基于图2.2所示的几何结构和一个特定的重力场值，主弹簧在任何位置都能支撑平衡臂。在较强的重力场中，一个较弱的辅助弹簧可以用来支持重量的增大，这将等于总质量和重力场增量的乘

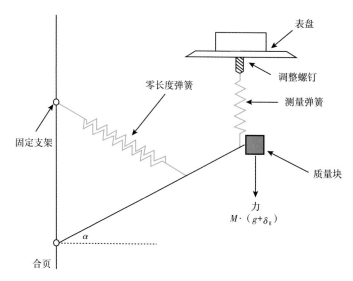

图2.2 简易无定向重力仪

零长度弹簧的张力与其长度成正比，在图中，它提供了一个力矩，该力矩将支撑某个选定区域g中的质量M，而与角度α的值无关；测量是通过旋转表盘进行的，表盘升高或降低测量弹簧并产生一个力$M \cdot \delta_g$，可以使该质量恢复到一个标准位置

积。使用其他地球物理方法中常见的表达式，零长度弹簧返回一个恒定的重量，使测量弹簧可以响应重力场的微小变化。所有现代商用重力仪尽管有一些额外的复杂之处，但都使用这一原理。例如，拉科斯特（LaCoste）重力仪就没有辅助弹簧，测量是通过对主弹簧的支撑点移位实现的。

由于弹簧系统是机械的，它们容易受到漂移的影响。尽管使用了各种补偿装置，温度变化仍会影响弹簧的弹性并引起短期漂移。弹簧在连续张力的作用下也存在较长期的拉伸畸变。需要在基站重复读数以监测漂移，并对其进行纠正。

整个20世纪下半叶，重力仪基本上保持不变，但在过去的10年里，在读数自动化和减少对熟练操作人员的需求方面做出了重大改进。LaCoste G型和LaCoste D型重力仪配备了自动读数，而Scintrex CG-3也率先实现了自动倾斜校正。随后，拉科斯特重力仪被完全重新设计为全自动重力仪，实现了真正的自动化水平测量，而不仅仅是进行水平校正。同时，数据记录器也允许直接下载到笔记本电脑。2001年LaCoste和Scintrex的合并有效地消除了陆地重力仪在商业制造方面的竞争，CG-5是目前正在积极销售的唯一仪器。然而，重力仪的耐用性（在某种程度上，还有高昂的成本）确保了手动仪器在未来的许多年内仍然存在。

2.2.2 石英无定向重力仪

1930年至1970年间，陆地重力测量主要采用人工仪表，弹簧系统由石英玻璃制成，密封在真空室中（以最大限度地隔热）。虽然这些仪器现在已经过时了，但仍然会偶尔遇到它们，并且可以通过它们与（相当大小的）保温瓶的相似之处识别出来。它们的特点是漂移率高，易受冲击（因为弹簧系统不能在运输中夹紧）影响和范围有限。需要一个非常有经验和认真的观测员来保持0.01mGal的理论读数精度。石英弹簧／真空室系统现在再次主导市场，代表产品为Scintrex CG-5型自动仪表。

2.2.3 钢制无定向重力仪

拉科斯特—隆伯格（LaCoste-Romberg）重力计是目前仍在使用的唯一一种手动仪表，它具有钢制弹簧系统，可以在运输时将弹簧夹紧。当被夹紧时，据说主要外壳在冲击下没有破坏，仪器本身就不会损坏。该仪器主要有两种类型。G型重力仪（大地测量仪）有一个单独的长测量螺丝，用于在全球范围内进行读数而不需要重置；而用于"微重力"测量的D型重力仪为了更好地读数精度而牺牲了这一优势。校准因子在G型重力仪的范围内略有不同，为此，制造商按100mGal的间隔制成了表格。

由于钢是良好的导热体，LaCoste G型和LaCoste D型重力仪不能充分绝缘，因此恒温控制是必不可少的。它们的质量约为5kg，加上恒温器所需要的充电电池，实际重量增加一倍。现场需要一个电池充电器，因为一次充电只能持续一到两天，这取决于恒温器的设置和外部温度。因为在达到工作温度后的两三个小时内，漂移量太大，仪器无法使用，因此必须在电量耗尽前更换电池。之后漂移可能会变得非常低，在这种情况下，可以通过关闭仪表期间的时间间隔进行线性外推。然而，漂移的主要形式是不连续的调零误差，甚至可能高达 1mGal，并可能发生在任何时候。一个仪器如果每月都需要一次调零，就需要维修。

即使是没有经验的测量员也能很容易地用拉科斯特重力仪实现0.01mGal的准确度（尤其是在安装了电子读数器的情况下）。

2.2.4 设置手动重力仪

手动重力仪通常安装在由三个短桩支撑的凹形盘面上，这些短桩应在土中压紧，但不要压得太深。盘的底面不能接触地面，因为第四个支撑点允许前后摇动。在读数之前，需要铲除盘子下面浓密的杂草，可以在短桩上使用伸缩腿，但这样的话读数需要更长的时间，盘子本身必须要调平（一些包括牛眼泡），此外还需要测量仪器在地面以上的高度。

仪表本身位于三个可调的螺杆脚上，并使用两个水平仪进行水平校准（图2.3）：最初在盘面周围移动，直到两个水平气泡都"漂浮"起来。不要急于进入这个过程，也不要立即使用地脚螺钉。

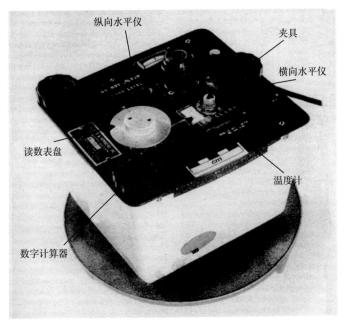

图2.3　LaCoste G型重力仪的控制器

注意两个水平气泡成直角，夹具和铝制读数表盘；数字计数器位于夹头和表盘之间的小窗口后面；温度计通过夹头前面的一扇窗户观察内部温度，预先设定的工作温度在窗口中显示后，仪器才可使用

通常，其中的一个水平仪（可能是交叉水平，与平衡臂的运动平面成直角）与连接两只脚的直线平行。调整第三只脚几乎不影响这个水平。调平的最快方法是将横向水平仪的气泡居中，使用控制气泡的两个脚螺丝中的一个或两个，然后使用第三个螺丝来设置纵向水平仪。有经验的观测者经常同时使用两颗螺丝钉，但只有通过练习才能有效地做到这一点。

当仪表水平后，通过旋转校准的刻度盘，将连接到弹簧系统的指针旋转到刻度上的一个定点，通过伸缩目镜观察读数。对齐方式是因人而异的，因此在一个测量循环中所有的读数都应该由同一个观测者来完成，这样在减去基础读数时，这种主观因素就会消失。在装有电子中继器的仪器中，主观因素大大减少了。

还需要使用其他预防措施。调整刻度盘的时候检查液体气泡是非常重要的（尤其是在得到一个令人满意的读数之后）。因为大地表面可以在观测员的重力作用下慢慢下沉，使仪表偏离水平。在雪或冰上，除非将仪表盘放在一块小夹板上与地表绝缘，否则仪表盘会融化冰雪，几乎必须要不断地调整仪表的水平。

所有的机械测量系统都容易受损，如果两个读数最终是通过将读数表盘沿相反方向旋转来调整的，那么这两个读数即使相隔几秒钟，也会有所不同。唯一的补救办法是在最终调整方向上保持完全一致。

剧烈的连续振动，如来自附近的机器或被风吹动的树根，会使读数变得困难，甚至可能使读数点移位；地震会使指针在视野中缓慢地左右摆动，此时必须停止测量工作，直到干扰结束。幸运的是，尽管非常大的地震可以在10000km以上的距离影响重力计，但这种现象在世界大部分地区都很罕见。

2.2.5　重力计检查

在开始日常调查工作之前，每天都要进行一系列的检查。首先，在各个读数之间用铅笔轻轻敲打表盘，使仪器轻轻晃动，直到能够记录下一个恒定的数值（有时当指针"粘"在某一个位置上时，也可以这样做）。

然后应该检查水准系统。由于无定向系统是不对称的，水平误差的影响取决于仪器倾斜的方向。在横向水准仪中，在与平衡臂成直角的方向上的一个细小的误差，产生的读数为重力场乘以余弦倾角（倾斜0.01°产生0.015mGal的误差）。因此，不管偏离的方向如何，将正确调整过的横向水准仪偏离水平会使读数减小。为了检查是否存在这种情况，应该正常设置和读取水平仪，然后在两个方向上用等量的偏移量调整横向水准仪。在这两种情况下，指针应该沿着相同的方向移动大致相同的距离。如果二者移动方向相同，则通常认为仪表是可用的，否则必须调整水准仪。

在平衡臂的平面上，如果纵向水准仪出错，则会影响读数灵敏度（指针在给定的刻度盘旋转中移动的量）。可以在手册中找到建议的灵敏度和复位说明。可以通过将拨盘移动设定量，并注意指针的移动来估算实际灵敏度。调整后，水平仪通常需要几天时间才能适应新的位置，在此期间必须格外小心地对其进行检查。

2.2.6　仪器校准

拉科斯特手动仪器的读数是刻度盘读数和机械计数器上显示的数字的组合。G型重力仪的灵敏度如此之高，以至于从刻度盘读出的最终数字大约等于0.01mGal。

具体到个别仪器，使用校准系数将读数转换成重力单位。制造商所引用的系数要求在读数的某个位置插入小数点，小数点的位置取决于结果的单位是mGal或g.u.。这些系数不受读数灵敏度变化的影响，但可能随着时间的推移而缓慢变化，应定期检查。这可以由制造商来完成或使用已知重力间隔的校准范围来实现。校准范围通常包括约50mGal的重力变化，即使是范围最有限的仪表也能测量到，而且几乎总是与重力场随海拔高程的快速变化有关。高差一般为250m左右是必要的，但在某些情况下，局部重力梯度也可能起作用。上下两个基站的旅行时间一般应少于15min，并应做好标记和描述。一次测量应该至少包含一个ABAB标定（第1.6.2节），得到两个重力差估计值。如果这些差异超过0.02mGal，则应该添加更多标定链接。

D型重力仪有独立的细调盘和粗调盘，可以通过稍微改变粗调盘的设置来检查细调盘范围的不同部分。大多数仪表在粗调后需要一段时间才能稳定下来，但如果允许的话，就有可能在校准曲线上发现一些小的不规则现象。使用G型仪器，在任何一个校准范围内只能监测曲线的一个部分，而且由于调整螺钉的螺距有轻微的不规则，在同一范围内使用不同的仪器，其结果都可能相差千分之几。

手动重力仪已经不再生产了，不过它们仍在大量使用，很可能是二手的，但正逐步被自动型号所取代。

2.2.7　自动重力仪CG-5

在自动重力仪CG-5（图2.4）中，读数系统、电池和真空绝缘石英传感器都包含在一个外壳和手提箱中，这大大简化了现场操作。该仪器消除了在LaCoste重力仪中将仪器连接到电池的电缆，这消除了造成潜在昂贵事故的一个因素。操作员的读取错误也不存在了，因为读数存储在闪存中，而不是（或者也因为需要记录辅助数据）存储在现场笔记本电脑中。该仪器还包括一个相当基本的GPS，可以用来记录仪器的位置，但不能记录海拔高程。水平调整是通过先对可拆卸三脚架进行粗调平，然后用仪器本身对水平进行精调。调整水平螺丝的顺序与2.2.4节中描述的手动重力仪的顺序相似。只需按下一个键并等待，就可以读取读数。等待的时间由所需的准确度决定，但只有最详细的测量（要求微伽级）才需要超过一分钟的读数时间。

图2.4 Scintrex.CG–5型自动重力仪

如果开始时给两个内部锂离子电池充满电，那么CG–5可以在常温下使用一个完整的工作日。这些电池在断开连接时泄漏率低，功率—重量比高，但也存在其他问题。随着时间的增长，电池比其他可充电电池更容易老化，过热或充电过度会损坏电池，甚至导致爆炸。如果让它们完全放电，也可能出现损坏。CG–5在接近完全放电时会发出声音警告，所提供的充电器是为防止过充而设计的。

使用CG–5进行测量并不总是一个简单的打开开关然后开始工作的问题。制造商建议仪器应该保持在"加热"状态，但如果已经关机，则需要4h才能达到工作温度，48h后才能完全稳定。显然，最好在全面运转的情况下将其投入调查地区，但如果旅行时间超过半天，这种做法是不可能的。空运也带来了其他问题，有关锂离子电池的规定，将仪器放在行李内是违法的，这在与地面工作人员打交道时是很有用的，因为他们希望看到仪器被交给行李搬运工。然而，尽管电池的容量在原则上已经足够低，可以作为随身行李携带，但电池的存在就意味着仪器可以"由航空公司自行决定"被拒收。

在使用手动仪器进行测量时，控制漂移和利用基站将仪表读数转换为绝对值所使用的所有技术，也必须在使用自动仪表进行测量时使用。

2.3 重力校正

与地球物理的任何其他分支相比，重力工作中主要的以及（原则上）可计算的影响是由没有直接地质意义的来源产生的。通过按顺序计算多个已识别的量并进行校正，可以消除这些影响。在不同情况下，正效应都会增加被测场的大小，并且减小的符号与设计用来消除的效应的符号相反。

2.3.1 纬度校正

通常，通过从观测到的或绝对重力场中减去根据国际重力公式计算出的法向重力来进行纬度校正。对于不依赖于绝对参考系的测量工作，可以通过选择任意基准并使用理论上的约$0.812\sin2\lambda\,\mathrm{mGal/km}$的南北梯度来进行局部纬度校正。

2.3.2 自由空间校正

从观测到的重力中减去法向后的余数，是由于重力测量站的高度在海平面的基准面之上造成的。高度的增加意味着到地球质心的距离增加，因此，对于海平面以上的观测站来说，这个效应是负的（即自由空气校正是正的）。根据下式，其随纬度、高程变化不大：

$$\delta_g = \left(0.3087691 - 0.0004398\sin^2\lambda \right)h + 0.000000072125h^2 \ (\text{mGal})$$

不论纬度如何，通常使用的平均值为0.3086mGal/m。利用纬度和自由空间校正量得到的数量称为自由空间异常或自由空间重力异常。

2.3.3　布格校正

由于地形质量分布不均匀，其影响难以精确计算，因此需要近似值。最简单的方法是假设地形可以用一个平板来表示，它的密度为常数，厚度等于参考表面上的重力站的高度，向四面八方无限延伸。这个布格板产生的重力场等于$2\pi\rho Gh$，其中h是板的厚度，ρ是密度。在标准密度2.67g/cm³时，校正值等于0.1119mGal/m。

布格效应是正的，因此修正量是负的。由于它只是自由空间修正量的三分之一左右，高度增加的净效应是场的减少量。组合校正为正，大约等于0.2mGal/m，因此必须知道0.5cm的高程，才能充分利用CG-5重力仪的微伽级灵敏度。

由于布格校正依赖于假定的密度和测量的高度，它们与自由空间校正有根本不同，将二者结合成统一的高程校正可能会产生误导。有时也有人说，如果去掉地形影响并在参考平面上读数，综合修正使重力值减少后能够得到的重力值。这是不对的。在图2.5中，观测点P记录的质量M的影响并没有被这些修正所改变。它仍然是P下方1.5h处物体的作用，而不是P'下方0.5h处的物体的作用。更明显的是，修正并没有消除质量"m"的影响，因为质量"m"位于参考面之上，布格修正假定密度不变。布格重力是在测量点确定的，在解释时必须考虑到这一事实。

2.3.4　地形校正

在地势起伏较大的地区，必须进行详细的地形校正。虽然可以在布格校正之前一次性地直接校正参考面以上的整个地形，然而，先计算布格重力，然后校正布格板中的偏差的方法更简单。

这种两阶段校正法的一个特点是，第二阶段的校正总是正的。在图2.5中，重力站上方的地形质量（A）对重力仪施加向上的拉力，作用为负，校正为正。另一方面，山谷（B）所处的区域，布格校正假定充满了岩石，将产生向下的引力。这块石头不存在，地形校正必须补偿布格板块的过度校正，并且仍然为正。

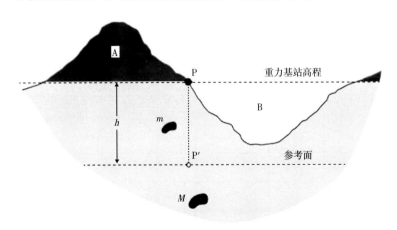

图2.5　布格和地形校正示意图

即使在应用了布格校正和自由空气修正之后，质量M和质量m的重力效应也会出现在地图上，因为它们是在P点测得的，而不是在参考面P'点测得的，地形校正因为它们是针对地形通过重力站与海平面平行而非与海平面本身的偏差而进行的，所以总是正的（见正文中的讨论）

地形校正可能非常单调乏味。为了进行手工校正，需要在地形图上以重力站为中心绘制一个透明的海默量板（Hammer chart）（图2.6），估算每个区间的地形平均高度与基站高度的差值。然后从表（见附录）中获得相应的更正值。计算机可以简化这一过程，但需要数字形式的地形数据，除非已经存在数字地形模型（DTM），否则同样很耗时。第 1.3.2节中讨论的 SRTM和ASTER地形网格在这方面非常有价值，但在坡度非常陡的地方并不可靠。对距离非常近的地形进行的校正，必须在野外进行估计（参见第2.4.3节），并通过仔细选择基站的位置来将其最小化。

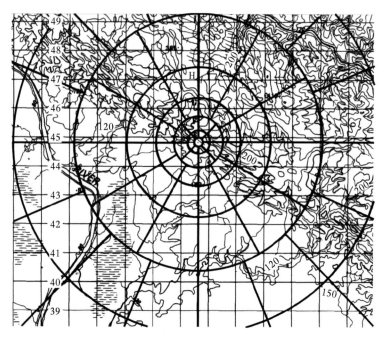

图2.6   覆盖在地形图上的海默量板（E区至I区）

在较大的分区中估算平均高度的困难是很明显的；在本例中，标识区域的字母很难看到，但是当覆盖层从地图中移除并单独查看时，这些字母是清晰的

在简单的布格重力基础上增加地形校正可以产生一个通常被称为扩展布格重力量或完全布格重力量。为了进一步减少地形依赖性，地形密度可以随地质情况而变化。

2.4 重力测量

重力测量基本上是一个简单的操作，但很少能完全没有问题地完成。甚至在某些情况下，其结果还有可能是让人失望的。大多数问题的产生是因为重力仪只测量重力场的差异，因此读数必须通过与一个常用的参考系统的链接相互关联。

2.4.1 测量原则

重力测量由若干个循环组成，每一个循环的开始和结束都在相同的漂移基准点（参见第1.6节）上。循环的大小通常由监测漂移的需要决定，并将随着所使用的运输和所需的精度而变化；在非常详细的工作中，通常需要2h的循环，而漂流基站距离测量点常常仅几步之遥。在每个循环中，至少需要用到参考网络的一个基站，如果该基站也是该循环的漂移基站，那么操作就会简化。原则上，网络可以随着工作的进行逐渐形成，但如果网络是已经形成的并已经过调整，那么只要所有重力场基站都测量过，就可以计算出重力场的绝对值，在有时间进行野外检查时可识别出可能的误差。建立网络期间，可以提前了解整个测量区域，并取得许多好处；在建立基站时得到的实际优势，在没有使新基站日总数最大化的压力的情况下，是大多数测量的常规生产阶段的特征。

一个小规模的测量可以使用任意的基站，而不需要与某个绝对系统相联系。只有在以后将这种测量同其他测量联系起来或加入国家数据库时，才会出现问题。这种情况最终经常发生，使用纯粹的局部参考系统可能是不经济的。

2.4.2 基站

选择参考基站时所采用的标准与正常基站的标准不同。如果可以精确地重新使用基站，那么较大的地形影响是可以容忍的。这种情况下，不需要海拔高程值，因此不建议解释时使用该值。另一方面，由于总的测量精度取决于重复的基站读数，因此方便地访问和安静的环境是很重要的。交通噪声和其他强烈振动会使基站（或任何其他）读数失效。此外，第1.6节所概述的一般原则也适用于重力基站，应以草图的形式提供说明，以便允许在相同高程和几厘米之内的位置上重新使用基站（图2.7）。

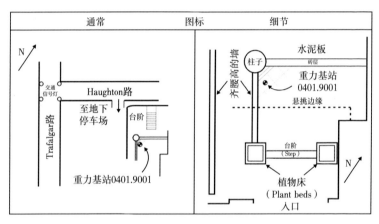

图2.7　重力基站示意图

通常需要两个不同比例的草图以及简短的书面说明，以确保可以快速、准确地重新使用该测站

2.4.3　基站定位

野外基站的位置也必须谨慎选择。在详细的测量中，基站在测线上的间隔是固定的，但在一般的测量中，野外观测员往往有相当大的选择自由。当地形图中的特征太小以至于没有明显的重力异常时，他们还有责任从读数中估计50m以内的地形改正量。可以使用如图2.8所示的截断网格线估计实地的校正量，图2.8只包括Hammer

B区和Hammer C区。B区高度差异小于30cm，C区高度差异小于130cm，这些都可以忽略，因为它们产生的影响为每个网格不到一微伽。该图表还可以定性地用于选择总体地形校正量较小的读数点。只要在开始读取序列之前输入必要的地形信息，那么CG-5重力仪就可以计算B区、C区和D区的校正量。

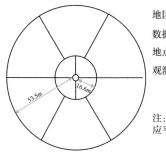

地区　．．．．．．．．．．．．．．．．

数据　．．．．．．．．．．．．．．．．

地点　．．．．．．．．．．．．．．．．

观测员．．．．．．．．．．．．．．．．

注：中部A区的地势
应平坦（半径为2m）

B区（2.0~16.6m）	
地形校正（mGal）	高差（m）
0.001	0.3~0.6
0.002	0.6~0.8
0.003	0.8~0.9
0.001	0.9~1.0
0.005	1.0~1.1
0.01	1.1~2.1
0.02	2.1~2.7
0.03	2.7~3.6
0.04	3.6~4.3
0.05	4.3~4.9

B区（16.6~53.5m）	
地形校正（mGal）	高差（m）
0.001	1.3~2.3
0.002	2.3~3.0
0.003	3.0~3.5
0.001	3.5~4.0
0.005	4.0~4.4
0.01	4.4~7.3
0.02	7.3~9.7
0.03	9.7~11.9
0.04	11.9~13.7
0.05	13.7~15.5

图2.8　B区和C区现场观测员的Hammer表

仅当观测员爬到勘察车正下方时，才可以检测到勘测车的影响，并且大多数现代建筑产生的影响也较小。古老的、厚壁结构可能需要多加注意（图2.9）。地下洞穴，无论是地窖、矿井还是天然洞穴，都能产生超过0.1mGal的异常。重力法有时用于空腔探测，但如果它不是探测的对象，就不要在可能发生这种影响的地方设置测点。

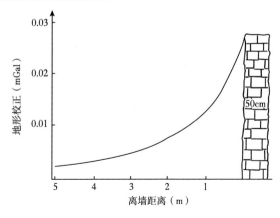

图2.9 半米厚的石墙对重力场的影响

2.4.4 潮汐的影响

在估计重力仪漂移前（但将重力仪比例尺的读数转换为mGal后），必须考虑到地球潮汐的影响。这些背景变化是由于地球、月球和太阳间的相对位置的变化而产生的，并遵循12~24h的周期再加上一个与农历月相关的周期（图2.10）。最大波动出现在新月和满月期间，地球、月亮和太阳在一条直线上，超过50μGal的变化可能发生在一个小时内，总变化可能超过250μGal。如果不首先消除潮汐效应，校正漂移时所做的线性假设可能会失败。

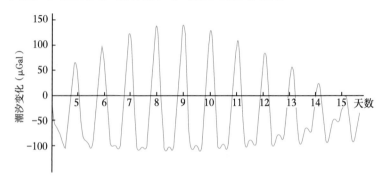

图2.10 典型（实际为1986年1月5日至15日）的潮汐变化

地球潮汐是可以预测的，至少在大多数重力测量所需的0.01mGal水平上是可以预测的，并且可以广泛使用计算机程序（或CG-5重力仪内置程序）来计算校正量。然而，由于潮汐计算使用的是基于全球平均水平的地球弹性修正量，而地球本身在潮汐力的作用下会发生变形，这对地表重力场有一个二次效应。在极其精确的任务中，可能需要自动基站来记录实际发生的变化。

2.4.5　漂移修正

绝对观测重力场是通过将漂移基准处的绝对值与漂移校正后的重力差相加而获得的。

为了手动校正仪器的漂移，首先要对读数进行潮汐校正，然后依次从每一个其他的校正读数中减去漂移基准处的校正初始读数。这样做的结果，得到在漂移基准的最终读数上的总漂移。然后，可以按比例计算或以图形方式估计其他监测站的校正量，以达到必要的精确度。假设漂移是线性的，校正的符号由以下要求决定：校正后，所有位置上的漂移基准的相对值应为零。

短期漂移主要取决于温度，如果发生了较大的温度变化，并在此期间全部或部分反转，则假设两个基本读数之间与时间呈线性变化是不正确的。在CG-5重力仪中，可以自动记录和补偿内部温度。

2.4.6　气压和海平面校正

重力仪会随着大气压力的变化而"漂移"，但通过改进仪器设计，它的漂移幅度已经稳步减小。对于CG-5重力仪，压力灵敏度的引用值只有0.015μGal/mbar（0.15μGal/kPa），这几个毫巴的典型昼夜变化的影响可以忽略不计。另一方面，仅仅10m的高程变化就会产生大约一个毫巴的压力变化，因此，在几百或几千米的不同高程点上的连续读数可以明显地受到气压引起的明显漂移的影响。很难想象这样的测量需要微伽级的精度。

巨大的气压变化意味着大气含量的变化，增加一个毫巴压力会降低0.3~0.4μGal的重力场。由于缺乏一个普遍适用的公式来计算这种影响，这也是为什么在非常精确的工作中，会建议反复使用基站的另一个原因。1980年版的国际重力公式（参见第2.1.1节）考虑到了与高程有关的压力变化。

露天码头的读数受海平面潮汐变化的影响。如果实际海平面低于一个读数点，海平面每变化1m，其影响可能高达0.04mGal。有时也会在这样的结构上建立基站供科研船使用，但在上面读取重力仪的其他原因可能很少。在防波堤（填石码头）或陡降入海的低矮悬崖上进行的读数也可能受到影响，可能每米海平面变化引起的影响高达0.02mGal。

在季节性强降雨或积雪融化的地区，土壤或地表水中的地下水水平面可能发生显著变化。这种影响小，并且依赖于孔隙度，但对于1m的地下水位变化来说，这种影响不太可能超过0.01mGal（这在一天的测量中不太可能发生）。

2.4.7 高程控制

重力测量点高程的确定方法取决于测量的目的。5cm的高程误差在布格重力下产生0.01mGal误差，因此0.01mGal等值线（这是现代仪器的极限）要求至少1cm的相对精度。这仍然可以使用光学水平仪来实现。0.1mGal级别的等值线需要将高程控制在±10cm，这可通过实时动态GPS或差分GPS获得（见第15章）。对于区域测量中常见的5mGal或10mGal等值线，气压水准测量或直接参照海平面和潮汐表就足够了。

测量海拔高度是重力测量中的重要且通常很耗时的部分，应该充分利用到其他勘测目的中，例如，勘探地震或电阻率测线。

2.4.8 误差总结

　　了解环境和其他因素对读数精度的影响是至关重要的，特别是在微重力测量中。表2.1中列出的典型影响程度，还总结了可以采取哪些行动来尽量减少这些影响。除非将所有其他影响考虑在内，否则仪器制造商（对CG-5重力仪和CG-3重力仪来说约2μGal）提供的令人震惊的读数精度几乎是没有意义的。在微重力测量中，基站读数之间的时间不应超过1~2h。

表2.1　误差源的典型大小及相应的缓解措施

误差来源	典型的级别	避免措施
地震（天然地震）	在地震震中附近的基站上可能数百毫伽，但在远距离地震中一般为0.1mGal	调查工作可能不得不暂停几分钟到几小时
与波有关的微震活动，如海岸线、树根晃动、车辆移动、现场钻探或施工活动	0.01~0.1mGal	数字叠加读数以及使用统计方法（如平均值的收敛）来决定什么时候读数，在一个基站上可能有需要5min或更长时间
风引起的振动	0.01~0.1mGal	使用风挡
基站高程（使用不适当的技术来测量高程会导致对于任何给定的调查类型而言都是重大的误差）	总效应约0.2mGal/m，误差与高程误差成正比	光学水准测量精度小于1cm，RTK-GPS的精度为10cm，用于典型地区的调查的GPS/气压表
仪器的高度（较差的现场技术容易造成2~3cm误差）	高达10μGal（空气效应0.3mGal/m）	在标准点上精确测量时要小心
大气压力的变化	约-0.35μGal/mbar（hPa）的大气	监测压力变化，在基站提高重复的频率
软地表	由于时变偏离水平，导致5μGal或更多的读数误差	当在松软的地面上读取多个读数时，使用自动仪表，并站远一点

2.4.9 野外笔记本

每个基站的数字、时间和读数都必须被记录下来，而包含了数据记录器的自动仪器只需按一下键盘就能将所有信息记录下来。其他信息，例如位置信息（除非有足够精确的内置GPS接收器）和来自气压表的高程数据，必须记录在野外笔记本上。任何可能影响读数的因素，例如机械、交通、牲畜或人的剧烈震动、地面不稳定或可能存在的地下空洞，都应在备注栏中注明。即使只是为了表明观测员可能的心理状态，对天气状况的注释也可能是有用的。当局部地形校正只是偶尔重要时，估计值也可以作为"备注"输入，但在崎岖不平的地区，可能需要对每个基站记录单独的地形校正表。此外笔记中还需要为潮汐和漂移校正保留额外的两列，因为漂移应该每天计算，但这些计算现在通常是在重力仪、笔记本电脑或可编程计算器中进行，而不是用手工在现场记录在笔记本中。

每个回路都应该标注观测者的姓名或首字母、仪表序列号和校准系数，以及基站号和重力值。在每张纸上记录当地时间和"世界时"（GMT）之间的差异也很有用，以提醒计算潮汐校正的时间。

重力数据的获取成本高昂，值得重视。应严格遵守第1.5.2节的通用规则。

例2.1

在图2.11中，如果将标准地壳密度取为$2.67g/cm^3$，则盆地中部1.5km厚的上覆沉积层的影响约为$1.5 \times 0.37 \times 40 = 22mGal$。较深沉积层约1.6km厚的影响约为$1.6 \times 0.27 \times 40 = 17mGal$。

因此，总的（负）异常大约为39mGal。

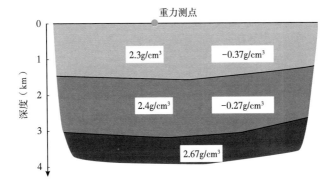

图2.11 适用于布格板近似解释的沉积盆地模型

通常根据与基底的密度对比来建模，这里指定的标准地壳密度为2.67g/cm³（参见例2.1）

2.5 现场解释

重力结果通常是通过由地质模型计算得到的场（正演）并与实际数据进行对比（反演）来解释。这需要借助一台计算机，直到最近这项工作也很少直接在野外进行。即使是现在，对一些简单物体所产生的响应进行评估，可以帮助观测者在实际测量或暂时离开笔记本电脑时，评估所收集数据的有效性和重要性。这有时会产生一项重要的决定，即在可以迅速和经济的做到这一点的时候，增加更多的监测站。

例2.2

对图2.12进行解释，异常是由于密度为2.5g/cm³的围岩中存在一个近似球形的充满空气的腔体，其工作单位为m：

$$\Delta\rho = -2.5，异常振幅 = \Delta g = 0.05\text{mGal}。$$

异常半宽度 = 2m。因此，到球心深度 = $h = 2 \times 4/3 = 2.7$m。

$r^3 = (\Delta g \times h^2)/(0.028 \times \Delta\rho) = (0.05 \times 2.7^2)/(0.028 \times 2.5) = 5.2$。

即 $r = 1.7$m。

例2.3

对图2.12进行解释，异常是由于密度为2.5g/cm³的岩石中有一个近似圆柱形的充气腔体，其工作单位为m：

$$\Delta\rho = -2.5,\ 异常振幅 = \Delta g = 0.05\text{mGal}。$$

异常半宽度 = 2m。因此，到圆柱中心的深度 = h = 2m。

$$r^2 = (\Delta g \times h)/(0.04 \times \Delta\rho) = (0.05 \times 2)/(0.04 \times 2.5) = 1。$$

即 r = 1m。

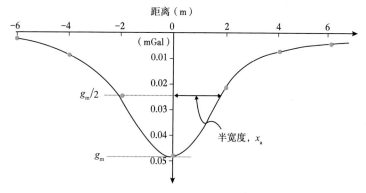

图2.12　地下空洞之上得到的详细的布格异常剖面

本图说明了"半宽度"的定义（参见例2.2和例2.3）

2.5.1　布格板

布格板提供了最简单的解释模型。一个很容易记住的经验法则是，一块厚1km、比周围环境密度高1.0g/cm³的材料所产生的重力效应约为40mGal。假如从基站到最近的布格板边界的距离远大于从基站到正下方的布格板的距离，即使板的上表面距离读数点（如图2.11中第二层）有一定距离，该法则也适用。这种效果与厚度和密度的比值成正比。

2.5.2 球体和圆柱体

范围较小的物体可以用均质球体或具有圆形截面和水平轴的均质圆柱体来模拟。在图 2.12中，如果异常是由一个圆球引起的，在圆心正上方一点测得半径r，则最大异常场为

$$\Delta g = 4\pi \Delta \rho \cdot Gr^3 / 3h^2$$

系数$4\pi G/3$在长度单位为千米时，约为28；或在长度单位为米时，约为0.028。球体中心的深度h大致等于异常半宽度的$3/4$。

但是，如果图2.12中的源可以建模为一个圆形截面的无限水平圆柱（二维源的例子），则最大场为

$$\Delta g = 2\pi \Delta \rho \cdot Gr^2 / h$$

系数$2\pi G$在长度以千米为单位时大约是40；或长度以米为单位时大约是0.04。圆柱轴线的深度h等于异常的半宽度。

2.5.3 奈特尔顿（Nettleton）密度直接测定方法

密度信息是理解重力异常的关键，但不易获得。在野外采集的样品可能比它们所代表的大块岩体风化得更厉害，因此密度更小，而孔隙水的损失可能会加剧样品密度的减少。密度估计还可以从井孔重力或放射性测井中得到，只是这种情况很少，也很昂贵，这种数据通常只在进行支持烃类勘探的工作时才能得到。

在某些情况下，地形的体积密度可以直接从重力数据估计出来。该方法假定正确的密度值是在进行校正时从重力图中去除地形影响的值。该方法只有在不存在与地形有关的重力异常时才有效。例如，如果一座山的表面表现为密集的火成岩柱或倾斜的石灰岩床，那么该方法就会失效（图2.13）。

奈特尔顿方法（参见Nettleton L. L.1976. *Gravity and Magnetics in Oil Prospecting*. 纽约：McGraw-Hill出版社.）可以应用在一条剖

面或一个地区的所有重力基站。在后一种情况下，可以使用计算机来确定在地形和校正后的异常图之间产生最小相关性的密度。即使这些计算通常由解释人员进行，野外观测员也应了解这项技术，因为他们可能会为了密度控制采集更多的读数。

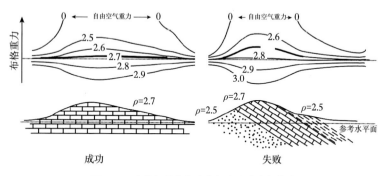

图2.13　奈特尔顿密度确定方法的成功与失败

这些数字显示了用于计算布格重力曲线的布格校正的密度（以g/cm³为单位）；如果有可能去除地形，使测量在参考表面的水平面上，粗线显示的形状，将会被记录下来。在"失败"情况下，由于夹在砂岩和页岩之间的石灰岩层存在真正的异常，使用"水平"剖面将导致对平均地形密度的错误高估计；注意，自由空气重力曲线，相当于零地形密度的布格曲线，几乎对任何基础地质都显示出与地形的强正相关关系

3

磁法

中世纪时，瑞典使用指南针和探矿针来寻找磁铁矿，这使得磁法成为所有应用的地球物理技术中最古老的一种。现在，它仍然是应用最广泛的方法之一，尽管只有很少的矿物会产生显著的磁效应。

磁场强度现在通常用纳特斯拉（nanotesla，缩写为nT）来度量。术语"伽马"，最初定义的单位等于10^{-5}G（Guass），数值上等于1nT，目前偶尔会用到。

3.1　磁性

虽然由相同的基本方程所控制，但磁测量和重力测量是非常不同的。相邻岩体的磁性能可能相差几个数量级，而不是很小的百分比（表1.2）。

3.1.1　磁极、偶极和磁化

如果存在一个孤立的磁极，就会产生一个服从平方反比定律的磁场。现实中，基本磁源是偶极子（参见第1.2.5节），但是，因为偶极线首尾相连会产生与在该线两端孤立的正极和负极相同的效果（图3.1），所以偶极子的概念通常是有用的。

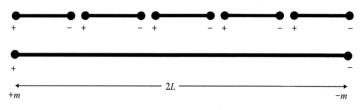

图3.1　磁偶极子组合形成延伸磁铁示意图

相邻偶极子的正极和负极相互抵消；磁体的磁极强度与组成偶极子的磁极强度相同，但其磁矩等于其长度乘以该磁极强度

置于磁场中的偶极子通常会旋转，所以我们说它具有磁矩。图3.1所示的简单磁铁，正极m与负极$-m$之间的距离为$2L$，其力矩等于$2Lm$。固体的磁化强度是由单位体积的磁矩决定的，它是一个矢量，有方向也有大小。

3.1.2 易感性

置于磁场中的物体获得磁化强度M，如果该值较小，则与磁场成正比：

$$M=kH$$

大多数天然材料的磁化率k都很小，可能是负的（反磁性），也可能是正的（顺磁性）。这些材料产生的磁场通常被认为太小，不会影响测量磁力仪。现代高灵敏度磁力仪正在为这一规律创造例外，但最有用的磁异常仍然是由于分子间交换磁力使分子磁性保持平行的少量铁或铁磁性物质。在居里温度（Curie temperature）以下，这些力足够强大，足以克服热搅动的影响。磁铁矿、磁黄铁矿和磁赤铁矿，居里温度均约为600℃，是唯一重要的自然发生的强磁性矿物，在这三种矿物里，磁铁矿是目前最常见的。赤铁矿是储量最丰富的铁矿，通常磁化率很小，而许多铁矿床不会产生明显的磁异常。

3.1.3 岩石和矿物的敏感性

岩石的磁化率通常取决于它的磁铁矿含量。沉积物和酸性火成岩的磁化率较小，玄武岩、白云岩、辉长岩和蛇纹岩通常具有强磁性。风化作用通常会降低磁化率，因为磁铁矿氧化为赤铁矿，但有些红土是磁性的，因为存在马氏体和剩余的磁化赤铁矿。表1.2给出了一些常见岩石和矿物的磁化率（使用 SI 单位）。负值表明反磁性，仅在非常纯净的材料中能观察到，这是因为存在的任何顺磁性几乎总是会淹没反磁性力矩。

高磁岩石的磁性往往变化很大，其磁化强度与施加的磁场并不严格成比例。这里引用的磁化率用于地球平均场强。

3.1.4 剩磁

铁磁材料和亚铁磁材料具有永久磁矩和感应磁矩，因此它们的磁化不一定是地球磁场的方向。在50000nT的地球标准磁场中，永久磁化强度与磁化强度的比值，即柯尼斯堡（Konigsberger）比，通常在高磁性岩石中很大，在弱磁性岩石中很小。尽管赤铁矿的磁化率以较低，但它的磁场偶尔会非常高（>10000），因此，赤铁矿偶尔会出现完全由剩余磁化而引起的磁异常。

3.2 地球磁场

地质体的磁场叠加在地球主磁场的背景上。这种场的大小和方向的变化影响着局部异常的大小和形状。

在地球物理中，通常用来描述磁极的"南、北"术语被正极性和负极性所取代。磁场的方向通常定义为单位正极运动的方向，而地球物理学家很少考虑正极是北磁极还是南磁极。

3.2.1 地球的主磁场

尽管地球的主磁场起源于在液态外地核中循环的电流，但在很大程度上可以由地球中心的偶极子源模拟。横跨数千千米区域的偶极子场的扭曲可以认为是由在核心—地幔边界上的相对较少的次级偶极子造成的。

沿地球自转轴排列的理想偶极场的大小和方向随纬度的变化如图3.2所示。在赤道附近，倾角的变化速度几乎是纬度的两倍。连接地球表面零磁倾角点的磁赤道和磁极均不与地理上的对应点完全重合（图3.3），主偶极子必须相对于自转轴倾斜约11°，才能解释地球的实际磁场。在过去的10年中，北极已从加拿大北部进入北冰洋，而南磁极目前在南大洋约65°S138°E的位置。真北方向与磁北方向之间的差异被称为磁偏角，这可能是因为指南针应该指向北方但实际却不是这样。

从全球地图中估计的倾角（图3.3）可以用来粗略估计磁纬度，从而得到区域梯度（图3.2）。由于存在非常大的局部变化，因此该方法可用于确定区域梯度的值是否会相当大，但仅能给出近似校正系数。梯度大致平行于当地的磁北箭头，因此校正有东西向分量和南北向分量。在大地测量中，数十纳米级的磁异常现象司空见惯，而每千米只有几纳米级的区域校正常常被忽略。

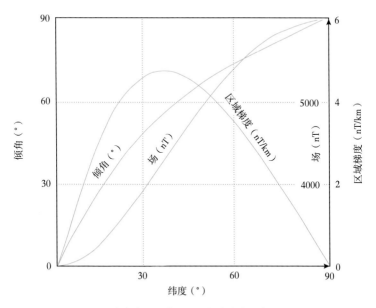

图3.2　理想偶极场的大小和方向随纬度的变化示意图

理想偶极子沿着地球的自转轴排列并产生60000nT的极场（和30000nT的赤道场）
的强度、倾角和区域梯度的变化

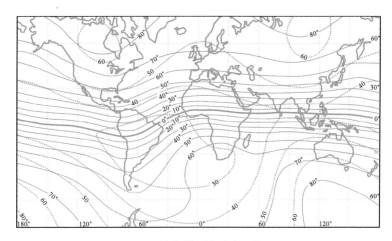

图3.3   地球磁场的倾角和强度图

地球磁场的倾角（以度为单位的连续线）和强度（虚线，以10^3nT为单位的值）；
粗线是磁赤道

3.2.2   国际地磁场（IGRF）

地球的主磁场不仅随经纬度变化，还随时间变化。从1980年到2002年，大西洋中部的磁场强度下降了约6%。这些长期变化由经验国际地磁参考场（IGRF）方程描述，该方程由120个球谐系数定义的阶数为$N=10$，由预测的长期变化模型补充的阶数为$N=8$。目前最短的波长约为3000km。IGRFs合理地反映了精细测量地区的实际情况，在这些地区，可用于计算区域校正，但在制订方程时几乎没有信息的地区可能会出现多达250nT的误差。自2000年以来，综合丹麦奥斯特（Oersted）卫星和德国CHAMP卫星的数据，IGRFs的精度已大大提高。

从过去几年的观察中推断出未来几年的长期变化是可以充分预测的，IGRFs每五年更新一次，并进行回顾性修订，以给出确定的模型（DGRFs）。这些随时间变化的修正对于相隔数年甚至数月进行的空中或海上测量是至关重要的，但在地面测量中就不那么重要了，因为在地面调查中，可以重新使用基站。

3.2.3 昼夜变化

地球磁场会因为电离层中环流的强度和方向的变化而变化。这种变化，在中纬度地区从峰值到低谷的振幅只有几十纳特斯拉，因为上层大气可以被太阳辐射电离，因此往往与当地的太阳时间直接相关。在正常的太阳静日变化（Sq）模式下，背景场在夜间几乎是恒定的，但在黎明到上午11点之间减弱，直到下午4点左右再次增加，然后缓慢回落到夜间值（图3.4）。然而，在相距几百千米的地方，由于地壳导电性的不同，振幅差异可超过20%，这可能比上述时间相关性更重要。较短的周期、水平极化和大致正弦微脉冲仅对小于5nT的等值线调查来说是重要的。

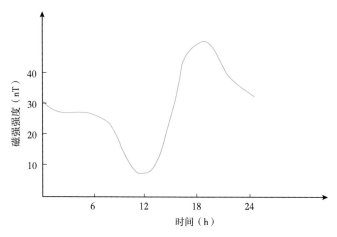

图3.4 中纬度典型的"平静日"磁场变化

距磁赤道约5°内的磁场受到赤道电射流的强烈影响，赤道电射流在电离层中具有超过1000km宽的高导电性。受影响地区的日变化可能远远超过100nT，在相隔几十千米的地方可能相差10~20nT。

在极地地区，同样严重的短期波动可以用极光电射流的存在来解释。因此，在这些区域，持续监测背景变化是特别重要的。每隔一两个小时返回一个基站测量可能是不够的。

3.2.4 磁性风暴

短期极光效应是被称为磁暴的不规则扰动（Ds和Dst）的特殊情况。它们是由太阳黑子和太阳耀斑（尽管名字叫太阳耀斑，但并不是气象现象）活动产生的，通常发生在晴朗无云的日子。常常会有一个突然的爆发，在此期间，磁场可能在几分钟内发生数百纳特斯拉的变化，然后缓慢而不稳定地恢复正常。时间尺度变化很大，但影响可以持续数小时，有时甚至几天。微脉冲通常在风暴后的几天内达到最强，周期只有几十秒的成分可以有高达5nT的振幅。

许多国家的电离层预测服务机构会对可能出现的风暴进行事前警告（但无法给出风暴的具体形式），而且，除非使用高频（10Hz或20Hz）基站，否则时间和空间的磁场变化太快，无法进行校正。唯一的解决办法就是等到风暴结束。航磁数据会受到相当小的不规则行为的严重影响，为了合同的目的，有时在一个小时内偏离线性的日变化曲线哪怕只有5nT，就可以定义为技术磁暴。类似的标准可能只能应用于那些只使用一个传感器的考古调查。

3.2.5 地质效果

具有重要地质意义的磁性材料的居里温度（在500~600℃范围内）在标准大陆地壳中较深部分（但需要低于海洋底部的莫霍面）就能达到。上地幔只有弱磁性，因此岩石磁源的有效下限是大陆下的居里等温线和海洋下的莫霍面。

大型磁铁矿矿床可产生高达20nT的磁场，是地球正常磁场大小的几倍。由于磁源的偶极性，这些磁异常和所有其他磁异常都有正极和负极之分，在极端情况下，定向磁力仪实际上可能记录下负磁场。这种大小的异常是不寻常的，但是玄武岩的堤坝、水流和一些较大的基性侵入体可以产生数千甚至数万纳特斯拉异常场。沉积岩的变化一般小于10nT。

在某些热带地区，在红土中形成结核状生长的磁赤铁矿偶尔会形成大磁场。这些结核日后可能风化形成铁矿砾石，从而在地面测量中产生较高的噪声。目前尚未完全了解控制磁赤铁矿而不是赤铁矿的普通非磁性形式的因素。人类活动还可以改变铁的氧化状态，并在自然材料中产生微小的（＜10nT）异常，例如生产热砖和陶器过程中对黏土的加热，或扰乱土壤层。

3.2.6 人造来源

铁和钢是铁磁性的，通常磁化强度很强。虽然对于小物体来说，这些磁场会随着距离的增加而迅速减小，但即使是很小的钢质物体，也能产生数百纳特斯拉的磁场。在调查"棕地（指美国国会在1980年定义的有潜在风险的工业废弃地块，译者按）"和寻找未爆炸军火（UXO）时，人造物体就是目标，它们的相关磁场可能非常有用。但在地质工作中却不是这样，而且可能必须对测量结果应用高截滤波。极端情况下，也可能得不到有意义的结果。

大多数输电线以交流电的形式传输电能，产生的交流磁场可能会干扰仪器的运行，但不太可能引起重复且虚假的读数。然而，在涉及距离非常大的地方，电力往往是利用直流电传输，产生数万纳特斯拉的电场，并影响输电线两侧1km以上的地方。在这些地区根本不可能进行有效的磁力测量。

3.3 磁力仪

早期的磁力仪是安装在水平轴上的罗盘针，用来测量垂直磁场。这些扭力磁力仪直到1960年才开始被磁通门、质子旋进和碱蒸汽磁力仪所取代。这三种类型的仪器均还在使用，都有内置的数据记录器，可以设置为定时自动记录。这三种方法既可以单独使用，也可以同时作为梯度仪使用，不过必须小心使用旋进仪器，以确保一种传感器产生的极化场不影响另一种传感器。

3.3.1 质子旋进磁力仪

质子旋进磁力仪利用了氢原子核（质子）的小磁矩。传感元件由一个"瓶"组成，瓶中含有低冰点碳氢化合物流体，其上绕着一圈铜线。虽然可以使用许多液体，但如果瓶子需要加满，应该始终遵循制造商的建议（通常是高纯度癸烷）。一个1A或1A以上的极化电流通过线圈，形成一个强大的磁场，氢原子中质子的力矩沿磁场方向趋于一致。

当电流被切断时，质子重新排列到地球磁场的方向。量子理论将这种重新定位描述为突然的"翻转"，伴随着电磁能量量子的发射。在经典力学中，质子绕着磁场方向旋进，就像陀螺仪绕着地球重力场旋进一样，频率与磁场强度成正比，同时发出电磁波。这两种理论都通过两个最精确的物理量——普朗克常数和质子磁矩——将波的频率与外部场联系起来。原则上，质子磁力仪几乎可以达到任何所需的精度，但实际上，对于较短的读取时间和合理的极化电流的需要，将极限设置为约0.1nT。在大约50000nT的地球磁场中，旋进频率约为2000Hz，需要精密的相敏电路才能在0.5s或1s内测量出这种精度，这是现代地球物理学家能够接受的。

质子磁力仪在强磁场梯度下的读数可能不稳定，或许是由于输电线和无线电发射机的干扰，也可能是由于极化电流的终止而引起附近导体中的涡流干扰。此外，它们只能测量总磁场，这是当磁场方向和大小在各地迅速变化时，解释大型异常会出现的问题。然而，这些只是小缺点，1nT和0.1nT质子磁力仪可能仍然是大地测量中最常见的仪器。它们具有产生无漂移绝对测量值的优点，但仍然必须对昼夜变化进行修正。由于质子能够自己对齐，所以传感器不需要精确定向，可以安装在杆子上，移动到距离观测者和地面上的小磁源更远的地方（参见图1.8）。为了获得足够的信号，只需要确保极化场与被测场成大角度；也就是说，在高纬度地区应该是水平的，在低纬度地区应该是垂直的。在安装传感器之前，需要仔细阅读制造商的说明，因为极化场不一定沿着传感器外壳的轴线方向。

3.3.2 高灵敏度（碱蒸汽）磁力仪

利用Overhauser效应，可以使质子磁力仪变得更加灵敏。在奥佛好塞效应（Overhauser effect）中，超高频无线电波作用于添加到瓶液中的顺磁性材料。这增加了几个数量级的旋进信号，大大提高了信噪比。然而，使用2000倍于质子磁矩的电磁矩，通常能达到更高的精度。有效的"自由"电子是必需的，这些电子发生在碱金属（通常是铯）蒸汽的外层电子"壳"中。这一原理与质子磁力仪的原理相似，可以观察到能量状态之间的跃迁，但能量差越大，频率越高，可以用更小的百分比误差来测量。实际的测量过程相当复杂，包括通过激光束（"光泵浦"）将电子提升到高能量状态，然后确定高频无线电信号的频率，从而触发向较低状态的转变。然而，这一切对用户来说都是不可见的。与质子旋进仪相比，电子噪声和高磁场梯度的影响不那么严重，测量时间也很短。读数可以每十分之一秒（在步行速度下每5~10cm）得到一次，这在考古学中可能很重要，因为考古学要求非常高的覆盖率，并且可以使用非磁性小车来实现，小车的触发器由车轮的旋转来驱动。

碱蒸汽磁力仪对方向略微敏感。如果传感器的方向与磁场方向的差在几度范围内或与磁场成直角，则无法获得读数。大多数情况下，这个问题并不严重。大地测量对这些工具的接受也相当缓慢，这更多的是由于它们成本相对较高，而且在大多数地质应用中，高灵敏度几乎没有什么用处。然而，在考古学中，小于1nT的绝对场的变化可能很重要，而在梯度测量中，灵敏度始终是重要的。在工程或环境测量中，对高磁场梯度的更大容忍度也是一种优势。

3.3.3 磁通门磁力仪

磁通门磁力仪的传感元件由一个或多个磁性合金磁芯组成，磁芯通过绕在磁芯周围线圈的交流电磁化至饱和。当磁芯磁化从非饱和状态过渡到饱和状态时，电路电特性的变化可以转化为沿磁芯轴向方向与外部磁场成正比的电压。因此，无论传感器指向哪个方向，测量的都是磁场分量。大多数地面测量中这个方向是垂直的，因为这是最容易确定的方向。

磁通门测量的不是绝对磁场，因此需要校准。因为磁芯的磁特性，以及电路的电特性（在较小的程度上）随温度而变化，所以它们也容易受到热漂移的影响。早期的大地测量仪器为了便于携带而牺牲了隔热性能，通常只能精确到 10nT或20nT。读数只能粗略地通过刻度盘上指针的位置显示出来。尽管有人的说法与此相反，但这种敏感性对几乎所有大地测量工作都是不够的。

便携式磁通门磁力仪的一个问题是，由于每个基站都需要定向，所以在读数时观测者必须用手握着传感器。确保人体完全无磁性从来都不是件容易的事，而电池组也可能是噪声源。制造商提供的任何电池都应该是完全无磁性的，但对它们以及后期更换的任何电池都应该仔细检查确认。

磁通门现在主要用于考古调查，在考古调查中，成本很重要，同时也必须要比质子仪器更快地获得必要的大量读数。此外，测量常常必须靠近地面，这对质子磁力仪来说可能是困难的，因为它对磁场梯度和电干扰敏感。磁通门传感器通常是成对的，垂直距离固定在50~100cm，通常只记录读数的差异。这类仪器通常称为梯度仪，但是反平方或反立方定律的计算能够确保产生可测异常的震源深度与传感器间隔的深度相当。如果把这些仪器看作差动磁力仪，就更容易理解得到的结果图（图3.5）。

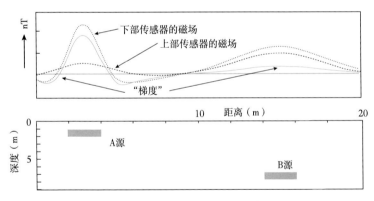

图3.5 磁场梯度测量中的反立方定律效应

虚线表示在地表测到的两个物体的磁效应，短划线表示在地表1m处的磁效应。实心曲线显示了微分效应。在A源存在的情况下，差值（梯度）异常的幅度是在地面测量异常幅度的80%。在B源埋藏较深（但也较强）的情况下，两个传感器的全场异常振幅非常相似，因此差异很小

使用两个传感器可以最大限度地减小热漂移效应，减少定向误差的影响，突出局部源，实际上消除了包括微脉冲在内的昼夜变化的影响。然而，有必要确保二者非常精确地对齐，并且相互之间和

环境处于热平衡状态。三分量磁通门可以消除精确定位的需求，或者，提供关于磁场方向和磁场强度的信息。

3.4　磁法勘探

虽然用质子和铯磁力仪中的一个按键就能得到绝对数值读数（并且可以重复），但如果忽略简单的预防措施，仍然会产生错误的磁图。例如，在所有的基站位置上，无论是用于重复读数还是用于连续的昼夜监测，都应检查磁场梯度。如果传感器移动1m就能产生明显的变化，那么这个点就不应该用作基站。

3.4.1　开始一项测量

所有磁力测量的第一阶段都是检查磁力仪（和操作员）。操作员可能是磁噪声的重要来源，尽管当传感器安装在长杆上时，问题远没有装在背包里时严重，或者当传感器必须像磁通门一样紧贴着身体时严重。指南针、袖珍小刀和地质锤都可以在不到1m的距离内被探测到，使用高灵敏度磁力仪的人可能需要去裁缝（和鞋匠）那里购买非磁性服装。勘测车辆可在20m以内被探测到。在开始一项测量工作前，应确定安全距离。

在同一时间、同一地点，绝对磁力仪读数应该相同。1980年之前制造的器仪之间的读数差异往往大于10nT，但现在很少超过1nT或2nT。传感器可以放置得非常近，甚至在进行检查时可以触摸，但是用这种方式不能精确地同时读取质子磁力仪，因为两个极化场会相互干扰。

质子磁力仪读数之间经常存在较大的差异，说明仪器不易调谐。使用全局映射可以粗略地确定正确的调优范围（图3.3），但是在野外应该进行最后的检查。如果优化设置在最佳位置的大约

10000nT的范围内变化（例如例3.1中的47000），则应获得几乎接近的读数。手动版本通常可以用几千nT的步幅粗调，但是使用微处理器控制可以提高精度。现在质子磁力仪可以正常读取到0.1nT，这在一定程度上得益于这种更精细的调谐。

例3.1：质子磁力仪调谐（手动模式）

优化设置	读数		
30000	31077	31013	31118
32000	32770	32788	32775
34000	35055	34762	34844
36000	37481	37786	37305
38000	42952	40973	41810
41000	47151	47158	47159
44000	47160	47158	47159
47000	47171	47169	47169
50000	47168	47175	47173
53000	47169	47169	47169
56000	53552	54602	54432
60000	59036	59292	58886
64000	65517	65517	65517

　　注：在64000nT时的读数显示，仅靠重复性并不能保证正确的调优。电路能够锁定提供了关键的证据的旋进信号的范围。

3.4.2   监测昼夜变化

除差分或梯度测量外，昼夜变化校正是必要的。如果只有一台仪器可用，修正工作就必须依赖于对基站或子基站的多次观测，其间隔最好不要超过一小时。如果每隔3~5min用一个固定的磁力仪测量一次读数，就可以绘制出一条更完整的日变化曲线。这种仪器不必与现场仪器属于同一类型。较便宜的质子磁力仪可以为使用（较昂贵的）铯蒸气仪进行的测量提供足够的昼夜控制。

原则上，当自动基站运行时，频繁的重复使用基站是不必要的。然而，完全依靠自动记录的做法是不好的，因为如果基站仪器失灵（这是很可能发生的），那么野外数据就很难校正。即使是手动操作基站仪器，也可能会出现问题，但如果无人值守，问题就更有可能发生。在自动仪器中，电池损耗相当高，从工作状态到无法工作状态的转变可能会突然发生，而且没有任何警告。已经存储的读数被保存下来，之后的数据就无法获得了。

显然，基站应该远离可能的磁干扰源（特别是诸如交通一类的临时干扰源），并将其记录下来供未来使用。如果后来用数据线将野外和昼夜测量仪连接起来并自动进行校正，就需要特别警惕。除非真的将昼夜变化曲线绘制出来并进行检查，否则昼夜变化数据中的荒谬之处（可能是由一个好奇的过路人开车到基站造成的）可能会反过来作为野外数据中的异常出现。

3.4.3   现场测量程序——总磁场"点"测量

除梯度仪测量外，应在每天早上对昼夜磁力仪进行设置。磁力仪的第一次读数应在基站或子基站上进行，并应与昼夜磁力仪的自动或手动读数同时进行。这一过程并不一定要求这两种仪器挨得很近。

高灵敏度磁力仪的读数时间为0.1s，可以用来获得连续的剖面，但质子磁力仪要求操作人员每次读数时要停下来进行。所有这些读数都应重复进行，并且两次读数的差异不应超过1nT。较大的差异可能表明磁场梯度较高，这可能需要进一步研究。相邻监测站的读数存在较大差异时，需要在二者中间的位置进行加密。显然，希望操作员能够注意到这一点并立即加密。

在每个站点，必须记录位置、时间和读数，以及任何可见的相关地形、地质信息和可疑磁源的细节。除非网格已经被很好地映射，否则记录本还应该包含足够的信息，以便使用地图或航空照片来验证测线位置。

在一天结束时，最后的读数应该回到第一个被使用的基站上读取。应该再次记录时间，以配合一天的磁力仪读数。如果现场读数是手工记录的，最好将现场读数的日变化值抄录到现场笔记本中，这样记录本中就能包含当天工作的完整记录。

3.4.4 标准值

昼夜变化曲线记录了固定基站的场强变化情况，如果在整个测量过程中该基站处于同一点，数据处理就会简化。必须为此基站分配标准值（SV），并最好在整个测量工作的第一天结束之前进行。这个做法在某种程度上是随意的。如果测量值在32380~32410nT之间变化，采用32400nT作为SV是方便的（虽然这不是平均值，也不是最常见的读数）。

当测量的面积很大时，可能有必要建立多个子基站（参见第1.6节），并确定各自的SV。其基本原理是，如果在某一给定时刻，基站磁力仪的读数实际上等于基站SV，那么所有其他基站和子基站上用相同的仪器记录这些点的SV。然后处理现场读数，以使分配给所有测量点的值也是如此。

3.4.5 磁性数据处理

测量过程中，在基站或子基站上的测量时间间隔不应超过2h，这样即使昼夜记录丢失或有错误，也可以对数据进行处理。不论是否有自动记录的昼夜曲线，利用这些读数来提供昼夜控制的方法如图3.6所示。任何时候的昼夜校正值只是昼夜基站SV值与实际昼夜读数之间的差值，但利用这一事实，可以用两种不同的方法对磁数据进行校正。更直接的方法是，在必要时通过插值确定制订野外读取时的昼夜变化值，并从读取中减去这个值。然后，可以添加昼夜基站SV，以获得现场基站的SV。如果有一台电脑，整个操作都可以自动化。

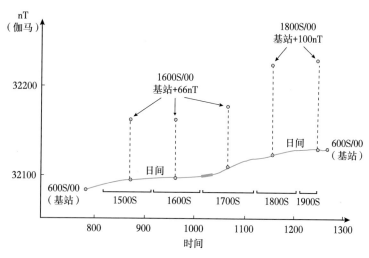

图3.6 昼夜变化控制图

昼夜变化由昼夜变化基站的记录仪器和不同子基站的重复读数进行监测；还显示了每条测线的读数周期；使子基站所有读数落在昼夜变化曲线上所需要的偏移量提供了对昼夜变化基站和子基站标准值（SV）之间差异的估计；用直线插值法在子基站测量的日化值之间引入的最大误差约为5nT，并会影响曲线加粗部分的1700S线；使用平滑曲线而不是直线进行插值可以显著地减少这种误差这种方法在原理上很简单，在所有野外点上提供不同的值，但是如果有数百个站点需要在傍晚手工处理，这种方法就很单调，而且容易出错。如果只需要等值线图，可以基于未进行校正的读数的剖面图，如图3.7所示。此时所需要的计算量更少，并且数据中的错误和奇怪数据立刻就能看出来。

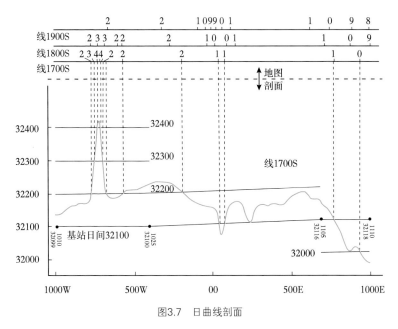

图3.7　日曲线剖面

通过日曲线和平行曲线在未经校正的剖面1700S中，以100nT的间隔切割剖面；参考基准标准值（SV）为32100nT，日曲线与轮廓相交的点对应于地面上磁场的校正值也为32100nT；平行于日变化曲线的曲线确定了SV与日基站处的SV相差100nT的整数倍，这是对所示数据绘图的合适等值线间隔；地图：1700S线和两条相邻线的等高线图。仅需要在地图上绘制"切口"，如果它们非常靠近，则可以省略其中的一些

即使没有计算机来做这项艰苦的工作，绘制磁场剖面也应该是在野外优先要考虑的，因为这些剖面可以提供评估昼夜效应和噪声的重要性或其他方面的最佳方法。例如，从图3.7的剖面图可以很

清楚地看出，在100nT等值线的情况下，图3.6所示的基于直接观测的日变化曲线与基站重测的日变化曲线之间的5nT差异是不重要的。它还显示了等值线距离未知重要磁特征的远近程度。

如果使用计算机计算每个野外点的校正值，仍然应该生成剖面，以进行质量控制，但要使用校正后的数据。从碱蒸汽仪器提供的半连续数据中很容易绘制出剖面，应仔细检查该剖面是否属于第1.7.4节所述种类的假象。

3.4.6　地磁测量噪声

人口稠密地区的磁读数通常会受到人为噪声的影响，即与调查目标无关的钢铁碎片产生的杂散场。由于它们通常很小，而且很可能埋在离地面1m以内，所以影响是很不稳定的。即使没有明显的可见磁场源，沿道路获得的剖面与10m或20m开外的开阔场地中的平行测线剖面相比通常是非常扭曲的。

解决噪声问题的一种方法是，尽量使所有读数远离可能的噪声源，注意野外手册中指出不可能做到这一点。此外，几乎普遍存在的亚铁噪声可以接受，这种数据也可以过滤。要使这一方法成功，所需要的读数要比定义纯粹的地质异常所需要的读数多得多。随着越来越多的数据记录器的使用，这种技术变得越来越受欢迎。数据记录器虽然无法记录详细的笔记，但允许用很少的精力来记录和处理大量的读数。然而，只有当整个测量网测得很好、描述得很好和定位准确时，才可安全地在各个站点不使用笔记本电脑。

高切滤波器不能用于考古调查，因为它们可能会在去除噪声时也去除信号。这类调查中的数据通常显示为图像，其中每个像素对应于一个单独的读数点，并根据该值着色或使用灰色阴影

（参见图1.12）。低切滤波器可以在显示前使用，以强调短波长特性。

3.5　简单的磁法解释

　　磁场数据的解释允许对需要加密或检查的区域进行识别，然后立即以很少的成本重新进行测量。好的解释需要保留有原始读数所有细节的剖面图，以及允许识别趋势和模式的等值线图。幸运的是，现在几乎无处不在的笔记本电脑减少了涉及剖面的工作（前提是已加载必要的程序）。

3.5.1　磁异常形式

　　磁异常的形状随地球磁场的倾角以及源体形状及其磁化方向的变化而发生显著变化。简单的草图可以用来获得任何磁化体产生异常的粗略的视觉估计。

　　图3.8a显示了一个不规则的、被倾角约为45°的感应场磁化的物质。由于磁场方向决定了正极运动的方向，所以外场的作用产生如图所示的极性分布。由这些极性引起的次级场用磁力虚线表示。磁场的方向是由同极相斥这一简单规律决定的。

　　当次级场较小时，总场和背景场的方向相似，在C和E附近不会探测到异常场，它们与地球磁场成直角。在这两个点之间的异常将是正的，而在它们之外相当远的地方将是负的。异常的最大值将在D附近，在C之外将有一个相当强的，范围更广的负场，在B附近有一个最小值，在A之外也可以检测到。因此，剖面上的峰值向磁赤道偏移（图3.8b）。在感应场为水平的磁赤道上应用这种绘图方法，结果表明，磁赤道上的总磁场异常为负，且以物体为中心，在南北两侧都有正的侧瓣。

因为每个正极都有一个负极来平衡，所以任何异常所涉及的净磁通为零。来自正极和负极的磁场在均匀且水平的磁化薄板的中心部分上方抵消，并且仅边缘可进行磁检测。强磁化但平坦的物体可能因此产生很小的异常或没有异常。

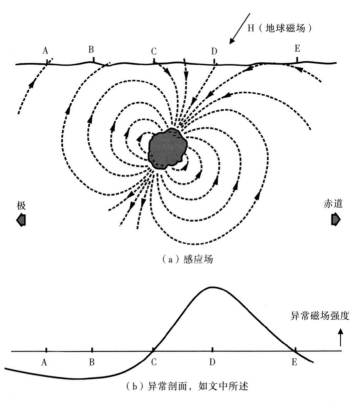

（a）感应场

（b）异常剖面，如文中所述

图3.8 诱导磁化引起的中纬度全场异常图

3.5.2 "经验法则"深度估算

深度估计是磁解释的主要目标之一。用简单的规律可算出源体顶部的深度，这些深度正确率通常在30%以内，这对于现场结果的初步评估是足够的。

在图3.9a中，异常剖面上最靠近磁赤道一侧的变化几乎是线性的，由一条粗线来表示。许多不同形状的物体到顶表面的深度将大约等于该直线部分的水平范围。该方法快速、有效，但也存在依赖于视错觉的缺陷，因为实际上曲线没有直线段。

在稍微复杂一点的彼得斯（Peters）方法中，在最陡的坡度点上（同样是在最接近赤道的一侧）对剖面画一条切线，并使用图3.9b的几何结构绘制斜率为该斜率一半的直线。用目测法或用平行尺找出与异常曲线相切的两点，并测量它们之间的水平距离。这个距离除以1.6，即为源体顶部的粗略深度。

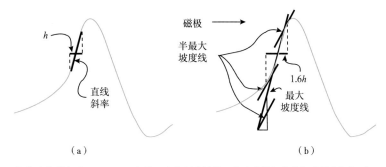

（a）　　　　　　　　　　　　　　　　（b）

（a）直线斜率（Straight slope）法：变化呈线性的距离（非常）大致等于到磁化体顶部的深度；（b）彼得斯（Peters）法：半坡度切线的接触点之间的距离（非常）大约等于到磁化体顶部深度的1.6倍；注意，用于以图形方式评估半坡度梯度的构造三角形

图3.9　简单的深度估计示意图

彼得斯方法依赖于模型研究，该模型研究表明，真实系数一般在1.2~2.0，对于走向程度相当大的薄而陡倾的物体，接近1.6的数值是常见的。结果通常与用直线斜率得到的结果非常相似。在所有情况下，剖面必须沿着与异常走向成直角的直线测量，否则深度估计值必须乘以交角的余弦值（图3.10）。

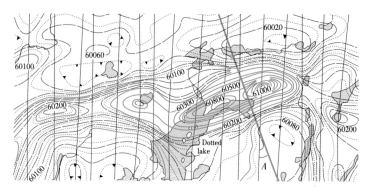

图3.10 走向效果图

沿测量导线（即一组连续的近似直线）记录的剖面的深度估计值必须乘以导线与磁等值线呈直角的直线之间夹角A的余弦值；这个例子来自航磁图（来自加拿大北部），但同样的原理也适用于地面测量

4

放射性
勘探法

岩石的放射性可以用伽马射线闪烁计数器（闪烁计）和光谱仪来测量。尽管大多数放射测量仪器都是为寻找铀而开发的，但人们很快就发现了其他用途。其中包括区域地质填图和对比、一些工业矿物的勘探和磷酸盐的现场测定。同样的仪器也可以用来跟踪故意引入地下水的人工放射性示踪剂的运动，并评估来自自然和人工辐射源的健康风险。氡气"阿尔法"探测仪在公共卫生领域有着重要的应用，并具有一定的勘探用途。

4.1 自然辐射

自发放射性衰变发生在不稳定的原子核通过发射 α、β和γ辐射而失去能量之时。α射线和 β射线实际上是粒子。量子理论告诉我们，伽马射线是一种高能电磁波，很多情况下它也可以被当作粒子来处理。

4.1.1 α粒子

α粒子由两个质子组成，质子由两个中子结合在一起，形成一个稳定的氦原子核。粒子的发射是放射性衰变的主要过程，导致原子质量减少4，原子序数减少2。这些粒子有很大的动能，但由于与其他原子核的碰撞而迅速减速。在热能作用下，它们很快获得两个轨道电子，并与其他氦原子难以区分。这种情况发生之前，在固体岩石中移动的平均距离是毫米的几分之一，甚至在空气中也只有几厘米。

4.1.2 β粒子

β粒子是从原子核中喷射出来的电子。它们与其他电子的不同之处在于，它们的动能更高，因此多次碰撞使它们的速度变慢后，就无法识别了。其能量在与其他电子的碰撞中快速损失。在固体或液体中，β粒子的平均移动距离是厘米级的。

4.1.3 伽马辐射

在涉及高频的情况下，电磁"伽马射线"被视为由粒子（被称为光子）组成，能量以电子伏特（eV）测量，与频率成正比。环绕原子核的电子发射出的伽马光子和能量较低的X射线之间的边界约为0.1MeV（频率约为0.25×10^{20}Hz）。

由于它们是电中性的，光子穿透岩石的厚度比α粒子或β粒子大得多，因此是地球上最有用的辐射形式。即便如此，在裸露岩石上方检测到的伽马射线中，约90%来自地表20~30cm范围内，甚至在土壤上方，只有10%来自地表50cm以下。1m厚的水可以吸收97%的辐射。在空气中的衰减与频率有关，而且（仅此一次）频率越高、能量越高的射线穿透能力越强。1MeV流量的一半能被大约90m厚的空气吸收，但需要160m厚的空气才能吸收3MeV流量的一半。这两个数字都表明，大气吸收在地面测量中通常可以忽略不计。

4.1.4 岩石的放射性

伽马射线提供了不稳定原子核存在的信息。在给定的时间内，衰变的平均次数与不稳定元素的原子数成正比。因此，放射性物质的质量下降速度服从由半衰期支配的指数定律（见第1.2.6节）。

半衰期短的元素在自然界中存在，因为它们是由非常长寿的同位素（有时称为原始同位素）开始衰变而形成的。原始同位素主要为^{40}K、^{232}Th、^{235}U和^{238}U，主要集中在酸性火成岩、蒸发岩沉积和还原环境中。其他的原始物质，如^{48}Ca、^{50}V和^{58}Ni，要么非常稀有，要么只有非常弱的放射性。

4.1.5 放射性衰变系列

主要的放射性衰变特点见表4.1。同位素^{40}K约占天然钾元素的0.0118%，它会在一个单一阶段衰变，要么通过β辐射形成^{40}Ca，要么通过电子捕获（K捕获）形成^{40}Ar。氩原子核处于激发态但随着一个1.46MeV光子的发射而稳定下来。由于β衰变，^{40}K的半衰期为$1.47×10^9$a；由于电子俘获，其半衰期为$11.7×10^9$a。

表4.1 ^{238}U、^{232}Th和^{40}K的自然放射性衰变

母体	模式	子体	半衰期	γ能量（MeV）和产率（%）*
^{238}U	α	^{234}Th	$4.5×10^9$a	0.09（15）0.6（7）0.3（7）
^{234}Th	β	^{234}Pa	24.1d	1.01（2）0.77（1）0.04（3）
^{234}Pa	β	^{234}U	1.18min	0.05（28）
^{234}U	α	^{230}Th	$2.6×10^5$a	
^{230}Th	α	^{226}Ra	$8×10^4$a	
^{226}Ra	α	^{222}Rn	1600a	0.19（4）
^{222}Rn	α	^{218}Po	3.82d	
^{218}Po	α	^{214}Pb	3.05min	
^{214}Pb	β	^{214}Bi	26.8min	0.35（44）0.24（11） 0.29（24）0.05（2）
^{214}Bi	β	^{214}Po	17.9min	2.43（2）2.20（6） 1.76（19）1.38（7） 1.24（7）**
^{214}Po	α	^{210}Pb	$1.6×10^{-4}$s	
^{210}Pb	β	^{210}Bi	19.4a	
^{210}Bi	β	^{210}Po	5.0d	0.04（4）
^{210}Po	α	^{206}Pb	138.4d	

母体	模式	子体	半衰期	γ能量（MeV）和产率（%）
^{232}Th	α	^{228}Ra	1.4×10^{10}a	0.06（24）
^{228}Ra	β	^{228}Ac	6.7a	
^{228}Ac	β	^{228}Th	6.1h	1.64（13）1.59（12） 0.99（25）0.97（18） 0.34（11）**
^{228}Th	α	^{224}Ra	1.9a	
^{224}Ra	α	^{220}Rn	3.64d	
^{220}Rn	α	^{216}Po	54.5s	
^{216}Po	α	^{212}Pb	0.16s	
^{212}Pb	β	^{212}Bi	10.6h	0.30（5）0.24（82） 0.18（1）0.12（2）**
^{212}Bi	β	^{212}Po（66%）	40min	1.18（1）0.83（8） 0.73（10）
	α	^{208}Tl（34%）	97.3min	
^{212}Po	α	^{208}Pb	0.3×10^{-6}s	
^{208}tl	β	^{208}Pb	3.1min	2.62（100）0.86（14） 0.58（83）0.51（25）**
^{40}K	β	^{40}Ca（89%）	1.47×10^{9}a	
	K−capture	^{40}Ar（11%）	1.17×10^{10}a	1.46（11）

*百分产率（显示在括号中）表示产生指定能量的光子的每100次中的衰变次数；由于某些单个衰变事件会产生多个光子，因此总数可能超过100。

**在这些事件中会发射出大量额外能量的光子。

另请注意，此表未列出不足10%母元素的衰变链分支。

其他重要的原始放射性同位素衰变为本身不稳定的原子核。与^{40}K一样，可能存在不止一种可能的衰变模式，而且衰变链相当复杂。然而，所有这些都以铅的稳定同位素结束。^{238}U和^{232}h的衰变链见表4.1。^{235}U只占天然铀的0.7%左右，但比^{238}U的稳定性差，约占铀辐射的5%。即便如此，大多数地球物理方法中都会忽略它。

并不是所有的衰变事件都会产生显著的辐射。^{232}Th衰变的第一个阶段只涉及微弱的伽马活动，而链中最强的辐射（2.615MeV光子，来自任一陆源的能量最大的辐射）来自^{208}Tl的衰变，接近衰变尾声。

在^{238}U链中，^{214}Bi因产生伽马光子的数量和能量而引人注目。1.76MeV的辐射被认为是铀存在的判断依据，但气态氡同位素^{222}Rn的半衰期接近4d，在衰减链中，它位于^{214}Bi之前，因此可以从一个铀源广泛分布。由于^{220}Rn的半衰期小于1min，气态弥散对Th衰变的影响要小得多。

4.1.6　放射性平衡

如果存在大量的原始同位素，所有的子体产物都保持在它们形成的地方，最终将建立一种平衡。在这种平衡中，对于每种元素，在给定的时间内，随着衰变而产生的原子数量是相同的。只有衰减链两端成员的浓度改变。

在平衡衰变中，链上的每一个元素的质量损失速率等于元素的质量乘以适当的衰变常数。因此，平衡质量与衰变常数成反比。如果一种元素的存在量多于（或少于）平衡所需的量，那么它的衰变速度将比平衡速率快（或慢），直到平衡重新建立为止。

如果气态或可溶性中间产物的半衰期足够长，使它们在衰变前弥散，就会破坏平衡。铀矿中氡的弥散明显破坏了平衡，难以找到"铀"（实际上是^{214}Bi）异常的主要来源。卷型（Roll-front）铀矿因铀浓度和放射性峰值区之间的分离而令人无计可施。

4.1.7　自然伽马能谱

　　自然伽马射线的能量范围从宇宙（主要是太阳）辐射的3MeV以上至降低到能量最高的X射线的0.12MeV。图4.1所示为一个典型的实测光谱。单个峰值对应于特定的衰减。它们的宽度由衰变原子核的动能和测量误差决定。

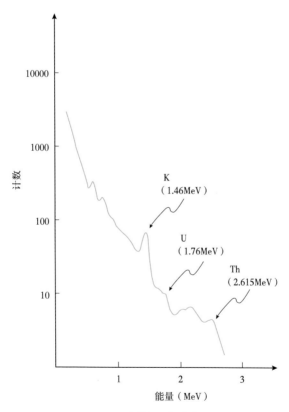

图4.1　自然伽马射线谱

纵坐标（计数）是对数

　　叠加了波峰的背景曲线表示发生过散射的地球辐射和宇宙辐射，即失去了一些初始能量。能量超过1MeV的光子在经过原子核时会产生正负电子对，正电子会与其他电子相互作用，产生能量较低的光子。在较低能量处，光子在从原子中移除轨道电子时会失去能量（康普顿散射）。最终，在X射线能量下，光子在喷射电子时可能被完全吸收（光电效应）。

4.2　放射探测器

最早的放射探测器依靠的是放射物电离低压气体的能力，以及在保持高电位差的电极之间启动放电的能力。这些Geiger–Müller计数器现在过时了，它们主要对α粒子有反应，每次计数后都会经历长时间的"死亡"期，在此期间无法检测到新的事件。

4.2.1　闪烁计数器

有些物质吸收伽马射线并将其能量转化为闪光。应用最广泛的探测器是加入少量铊激活的碘化钠晶体。光可以被光电倍增管（PMTs）探测到，它将能量转换成电流。整个过程只占用几微秒，对"停滞时间"（在某些仪器中是自动完成的）的修正只有在非常高的计数率时才需要。

闪烁计由晶体、一个或多个光电倍增管（PMTs）、电源（必须为PMTs提供几百伏特）和一些计数电路组成。结果可以数字化显示，但通常是在模拟速率表的刻度盘上显示。有些仪器在每次检测到伽马光子时都会发出可听到的咔嗒声，或者当计数率超过预先设定的阈值时就会发出警报，这样就不需要继续观察刻度盘。

放射性衰变是一个统计的过程。要预测单个原子何时衰变是不可能的，但在给定时间内某个点上观测到的事件的平均数量将大致保持不变，只是平均值会有一些变化。速率表的连续平均由时间常数控制，如果时间常数太小，指针将处于连续运动状态，并且读数将难以获取。如果它太大，反应将变得缓慢，窄异常可能被忽视。在使用数字显示器时，选择一个固定的计数时间，该时间必须足够长才能产生统计意义上有效的结果（见第4.3.1节）。

闪烁计的灵敏度几乎完全取决于晶体的大小；较大的晶体能记录更多的事件。因此，计数率是相对的，而不是绝对的，许多仪器可以与几种不同的晶体兼容，根据成本、可供测量的时间和所需的准确度来选择。

具有相似晶体的类似仪器应该在相同的地方读取到大致相同的读数，但即使是这样也必须进行检查，因为晶体附近和内部的放射性污染物可能导致读数不同。不同的闪烁计数器可能会记录不同的计数率，因为晶体通常是处于屏蔽状态的，所以它们只能检测来自一个方向的辐射，此外即使假设是相同的仪器也可能有不同的孔径。如果必须要获得可比较的数据，则可使用便携式放射源进行校准，此时也需要检查屏蔽的程度。严格地说，这种比较只适用于特定（通常相当低的）测试源的伽马射线能量。

4.2.2 伽马射线光谱仪

如果在 PMT电路中集成了脉冲振幅分析仪，则可以估计产生闪烁事件的伽马光子的能量。然后可以分别计算在某些预定能量窗口内或在预先选择的能量阈值之上的能量事件，或者可以在一系列窄的相邻窗口（通道）处观察到整个伽马射线通量，以获得如图4.1所示的曲线。严格来说，光谱仪一词应保留给具有许多通道（通常为256个或更多）的仪器使用，但实际上它用于任何具有一定能量辨别能力的仪器。通常只有四个通道，一个通道用于总计数，一个通道用于^{208}Tl峰值（对钍来说为2.62MeV），一个通道用于^{214}Bi峰值（对于铀，在1.76MeV），一个通道用于^{40}K（对于钾，在1.46MeV）。这些峰值的典型窗口可分别从2.42MeV扩展到2.82MeV，从1.66MeV扩展到1.86MeV，从1.36MeV扩展到1.56MeV。

由于测量电路的特性随时间缓慢变化（而且随温度变化更快），所以较老的仪器需要定期校准，使用可产生单一能量的伽马射线的便携式放射源，检查分光计窗口或阈值的位置。如果分光计的结果要直接转换为放射性元素浓度，则需要另一种形式的校准。在许多国家，已经建立了校准地点，在那里可以通过含有已知各种放射性元素浓度的混凝土垫块检查仪器的性能。"空"垫块允许估计背景。如果在一次放射性测量中使用若干种仪器，即使所有仪器都经过校准，明智的做法是试图将所有结果调整到共同的等效读数之前，在实际测量地区对这些仪器进行比较。为了以后的工作人员的便利，应该说明在哪些基站上进行了这项工作。便携式校准板是可用的，但不容易运输。最先进的仪器能够自我稳定，也就是说，它们可以识别和"锁定"自然发生的主要的辐射峰值。

4.2.3 剥离率

只要这三种母放射性元素与其衰减后产物处于平衡状态，就可以从光谱仪读数中估计出它们的浓度，但必须对从光谱其他部分散射的伽马射线进行校正。钍的放射峰值必须针对宇宙辐射进行校正，也必须针对铀衰变链中^{214}Bi的2.43MeV放射进行校正，该衰变链与常用的"钍"窗口重叠。铀计数必须反过来针对钍进行校正，钾计数针对钍和铀进行校正。这个校正过程称为剥离。

剥离因子因探测器而异，主要与晶体大小有关。仪器手册中会列出它们。在某些情况下可以通过内置电路进行应用，以便校正的结果可以直接显示出来。由于仅当进行自动校正时假定存在平衡，丰度估算才是正确的，因此通常最好在现场记录实际计数率，然后再进行校正。

4.3 放射性测量

地面放射性测量可能是令人沮丧的。由于薄层岩石或土壤的屏蔽作用，放射性矿物很难在只有零星暴露在表面的岩石中探测到。依靠沿测线的等距基站可能是不明智的，野外观测员必须比通常更加了解他所处的环境。

4.3.1 读数时间

准确的放射性测量数据只能通过对每个站点上足够长时间内的统计变化平均得出。其含义将取决于计数水平本身，必须由实际实验确定。统计误差的百分比约等于 $100/\sqrt{n}$，其中 n 是计数的次数，因此计数10次统计误差约为30%，计数10000次统计误差仅为1%。完全适合总计数读数的时间段可能不足以满足K、U和Th通道上的读数。

如果计数率较低的地区在任何情况下都不会引起人们的兴趣，那么浪费时间获取准确的数据就没有什么意义，在整个地区慢慢行走，仔细注意听音频信号或等待警报响起就足够了。前进的速度应该是，不能在既定时间内完全错过感兴趣的最窄放射源。

即使使用分光计，通常也只是在第一次记录总计数，而对总计数异常区域留给更耗时的光谱读数。当然，这种方法也有风险，因为一种放射性元素的浓度可能随着另一种放射性元素的浓度的增加而降低，但这不太常见。

4.3.2 同位素年龄测定

如果有裸露的岩石表面，可用伽马射线光谱仪进行钍、铀和钾的定量测定。岩石应该保持干燥，以便消除表面或表面以下的水分吸收的因素。观测必须经过足够长的时间，才能使统计波动平稳下来，这实际上意味着积累至少 1000 次计数。每一次计数都需要几微秒的时间，在 10000cps 时，仪器会"死亡"几十毫秒。因此，在处理高放射性物质时，需要对"死亡"时间进行修正。

放射性元素浓度的估计要么是将观测到的计数率插入制造商提供的公式中（这些公式是特定于所使用的仪器和晶体的），要么是通过与校准板进行比较。

4.3.3 背景场变化的修正

大气氡、宇宙辐射和附着在仪器本身上的放射性粒子产生与测量目标无关的背景辐射。背景辐射所占的比例通常不到总数的 10%，在大地测量中经常忽略。如果需要对背景进行修正，不管是因为观察到非常微妙的变化，还是正在做精确的化验工作，估计它们的大小可以通过在至少 1m 深、跨度 10m 的水体中部读数，或将探测器通过铅片与地面隔离。这两种方法都不太方便，有时"背景"被简单地定义为（可能不可靠）在调查区域内某处获得的最低读数。背景场的变化，主要是由于大气湿度的变化（湿空气吸收辐射的效率远远高于干空气），可以在这个位置使用固定的探测器监测。

探测器本身（包括晶体）内的放射性物质所引起的背景辐射水平应长期保持恒定，并可将其放置在完全屏蔽的环境中进行测量，但实际上这可能很难安排。这种校正通常并不重要，重要的是，要确保可能被污染的污垢不能留在探测器外壳上。

一个观测者是一个重要的杂散辐射的可能来源（尤其是传感器装在背包里时）。在这种情况下，观测者身体对辐射的吸收也必须考虑进去，这通常是通过直接实验来测量的。带有放射性发光表盘的手表现在很少见，但指南针需要仔细检查。显然，也不应携带校准源。

一些重力仪的真空室中含有少量放射性物质，以防止弹簧上积聚静电。放射性测量和重力测量有时会同时进行，这时会得出荒谬的结论。

4.3.4　记录放射测量数据

由于岩石和土壤都能够强烈吸收伽马射线，因此在进行放射性测量时应做全面的记录。如果辐射来自非常薄的表面层，那么当放射源的横向范围与探测器的距离相比很小时，只会产生很小的异常。另一方面，如果辐射源是面积很大并且分布在表面，探测器的高度应该不会对计数率有很大的影响。通常，如果源的横向范围是其在检测器下方的距离的十倍或更多倍，则可以达到此条件（2π几何空间）。图4.2中显示了一些其他可能的放射源几何空间和校正到标准2π几何空间的系数。

放射源几何形状在放射性测量中一直很重要（特别是在分析工作中）。任何偏离2π几何形状和土壤覆盖层的细节都需要记录下来。如果无法看到裸露的岩石，则应做一些工作，以确定覆盖层是在原地发育（因此很可能在放射测量学上与基岩相似），还是搬运到该位置的，并估计其厚度。天气条件也很重要。特别是，由于湿土比干土的吸收能力要强，应经常注意干燥的土壤、最近的雨水和积水坑的存在。

必须记录读取数据的方法，包括时间常数或计数周期。在测量过程中不应改变现场参数，并应详细说明传感器的位置（例如手持式或背包式）。

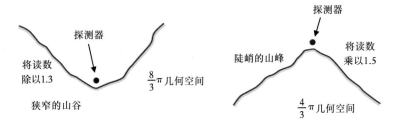

图4.2 在放射性元素浓度均匀的地面进行放射性测量的几何形状及校正系数

4.3.5　α粒子监测

由于辐射几乎能被极薄的覆盖层所吸收，因此勘探工作在有些时候是基于土壤—气体取样的。氡气是α粒子的丰富来源，它很容易通过岩石和土壤扩散到地表，并溶解在地下水中，因此可以作为"盲"铀矿化的探路者。这些检测方法最初是为公共卫生应用而开发的，因为如果气体在封闭的空间中积聚，可能会对健康造成危害。

在铀矿勘探中，必须考虑一些特殊的因素。扩散路径可能很复杂，确定一个主要放射源并不容易。温度，大气压力和湿度的变化可能导致一天中气体流向地面的流量发生三倍或更多倍的变化，并且在更长的时间内变化一个数量级。因此，理想情况下，监控范围应扩展到几天甚至几周的时间，以期望能够平均这些效果。勘探工作通常将时间限制设置为一至两周，显然所有探测器在相同的时间长度内就位很重要。因为3.8d的氡半衰期意味着，无论采样周期的长短，所记录的值只与前几天有关，因此依靠测量所吸收或吸附的氡的方法是不适当的。粒子通过某些材料时留下的痕迹为真正的累积法提供了基础。最常见的检测器是由CR39聚碳酸酯制成的塑料薄膜，封闭在一个只有过滤气体才能进入的小空间里。这些痕迹随后通过腐蚀性溶液蚀刻而变得可见。

氡测量中，在尽可能相同的条件下，需要在感兴趣的地区埋设数百甚至数千个探测器。在一段可接受的时间内，需要一只手动或电动螺旋钻来准备所需的大量钻孔，这些孔的填埋方式，应该便于快速取回探测器。回填土可以用塑料布包裹，然后简单地提起来，或将倒置的塑料杯附在与孔直径相同的木质或塑料塞子底座上（图4.3）。土壤气体浓度随深度的增加而增加，在典型的松散土壤中地表下约1m的深度达到稳定。因此，理想情况下，这些孔洞应该是1m深，但更重要的是所有的位置都应该非常相似，而不是仅仅使它们符合一些假定的采样最优值。

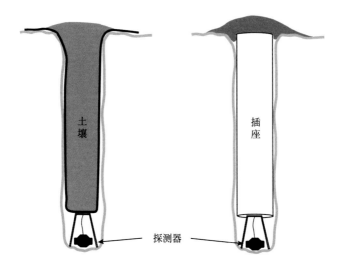

图4.3　孔洞中的放射性探测器示意图

探测器由一个简单的倒置塑料杯保护

一旦回收后，探测器薄膜需放置在容器中，使其免受电离辐射的进一步照射，并尽快运送到专业实验室。幸运的是，单调乏味的轨道计数工作现在几乎完全自动化了，但结果仍然需要根据下面的土壤和岩石结构进行仔细的解释。

5

电法：
总论

许多地球物理方法依赖于测量电压或与地面电流有关的磁场。其中一些电流是自然产生的，由地下的氧化还原反应（自电位法）或电离层和大气磁场的变化（大地电磁法）维持。电阻率、激发极化（IP）和大多数电磁（EM）方法中使用的电流都是人工产生的。

电流可以通过直接注入、电容耦合或电磁感应在地下流动。"电流的"（galvanic）一词用于电流电容耦合或通过电极注入的场合。使用第二种方式的方法通常被称为直流电（DC），即使在实践中电流在1~0.05s（1~20Hz）之间被逆转，以抵消一些形式的自然背景噪声。在电容耦合电阻率（CCR）中，通常频率在10~30kHz之间的电流来自同轴电缆，同轴电缆位于地面上，但与地面绝缘。在电磁勘探中，电流是由线圈或不与地面接触的长导线产生的时变磁场感应驱动的。

由于所有的电法对材料的本质属性（电阻率、电导率和荷电性）都有相同的响应，且它们之间存在重叠（并且由于在一种类型的测量中是噪声，在另一种类型的测量中可能是信号），所以本章介绍了所有的基本电学概念。然后在第6章讨论了DC和CCR方法。第7章讨论了自然电位（自电位或SP）和激发极化（IP）方法，第8章和第9章分别讨论了使用本地和远程（通常是自然）源进行的电磁（EM）勘探。许多现代发射机和接收机可互换用于DC、IP和EM测量。

5.1 电阻率与电导率

金属和大多数金属硫化物通过电子流动有效地导电。因此，电法在寻找硫化物矿石以及在以金属为目标的环境调查中是很重要的。石墨是一种很好的"电子"导体，由于它本身不是一种有用的矿物，所以在矿物勘探中是一种噪声源。在大多数其他类型的岩石中，导电是通过孔隙水中的离子进行的，而电法在水资源调查中是很重要的。

5.1.1 欧姆定律与电阻率

在大多数情况下，导体中的电流与导体上的电压成正比，即

$$V = IR$$

这就是欧姆定律。比例常数R称为电阻，当电流（I）为安培，电压（V）为伏特时，用欧姆（ohms，也写作Ω）为单位来测量电阻。它的倒数为电导，以西门子（S）为单位进行测量，也称为mhos。

$1m^3$的电阻材料之间的电流沿对立的两个面之间的电阻定义了材料的电阻率（ρ），并以欧姆·米（$\Omega \cdot m$）为单位测量。它的倒数为电导率（σ），以S/m或mhos/m为单位。矩形块体中对立面之间电流流动的阻力与电阻率、对立面的间距x成正比，与截面面积A成反比，即

$$R = \rho \, (x/A)$$

各向同性材料在各个方向上具有相同的电阻率。大多数岩石可以适当认为是各向同性的，但较强的层状板岩和页岩层间的电阻比平行层间的电阻更强。

采用电法的地球物理学家通常讨论电阻率，而采用感应法的地球物理学家则讨论电导率。事实上，这两个量都是复杂的（使用严格数学意义上的这个词），包括振幅和相位（见第5.2.3节）。振幅反映了地面的体积电阻，而相位则由地面储存电荷的能力决定，即充电能力。

5.1.2 岩石和矿物的电阻率

表1.2第四栏列出了一些常见岩石和矿物的电阻率范围。当然，电导率范围可以从这些值计算出来，但是为了方便起见，在第五栏中列出了电导率范围。表1.2强调了解释中可能存在的模糊性，例如，湿砂和下伏有效石灰岩基岩之间的电阻率对比可能与干燥的砂岩和下伏风化的石灰岩之间的电阻率对比相反。在野外测量中，体积电阻率很少会超过$1 \times 10^4 \Omega \cdot m$或小于$1 \Omega \cdot m$。

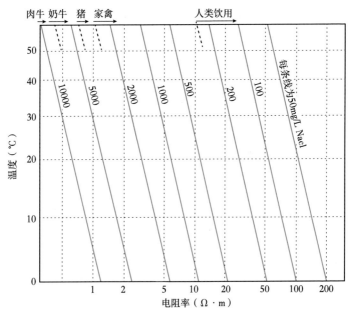

图5.1 水的电阻率随溶解氯化钠（NaCl）浓度的变化图

同时指出了各种盐度水的用途

大多数成岩矿物都是很差的导体，地下电流主要由孔隙水中的离子携带。纯水的电离作用非常微弱，所以纯水几乎不导电；孔隙水的导电性取决于溶解盐的存在，主要是氯化钠（图5.1）。然而，黏土矿物具有离子活性，即使稍微潮湿，黏土的导电性能也很好。

在许多岩石中，电阻率大约等于孔隙流体的电阻率除以部分孔隙度。阿尔奇（Archie）定律提供了一个更接近的近似，该定律为

$$\rho = a \cdot \rho_w / P^m$$

ρ是饱和多孔介质的体积电阻率；P是部分孔隙度、ρ_w为孔隙流体电阻率；m和a是由孔隙的几何形状决定的经验量。根据基体晶粒的形状，m参数的变化范围在1.2~1.8之间。对于一般的孔隙度，阿尔奇定律与线性的偏差很小（图5.2）。

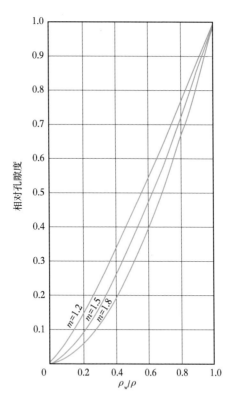

图5.2　根据Archie定律，绝缘母体岩石的体积电阻率 ρ 和孔隙水电阻率 ρ_w的变化图
球形颗粒的指数m约为1.2，板状或板状材料的指数m约为1.8

5.1.3 视电阻率

一个简单的电法测量能告诉我们的很少。可以从中得到最多的是完全均质的地面（也称为均质的半空间）的电阻率，该电阻率在相同的测量条件下会产生相同的结果。该量称为视电阻率（ρ_a）。视电阻率或其倒数——视电导率的变化为大多数电法测量提供了解释的原料。

当电磁方法被用于探测良导体时，如硫化物矿石或钢桶时，定位目标比确定其精确的电性能更为重要。由于难以将小目标的目标尺寸效应与目标电导率效应分离开来，因此有时会用电导率与厚度乘积来表示结果。

5.1.4 上覆岩层的影响

在许多干旱的热带地区，土壤中盐分的积累在近表层产生高导电性。导电的覆盖层将有效地使位于地表或地表以上的电源所产生的任何电流短路，因此对所有电法勘探都会造成问题。连续波电磁方法受到的影响最大。

电阻率高的表面层在使用电极的测量中是障碍，但在电磁测量中却可能是有利的，因为它降低了衰减，增加了探测深度。只要电阻层的厚度小于1m，也可以使用电容耦合。

5.1.5 各向异性

对电法数据的大多数基本分析（当然也包括现场进行的大多数分析）都假定电阻率在各个方向上是相同的。在孔隙水中离子携带电流的情况下通常是这样，但在其他情况下则不一定。例如，石墨质页岩通常沿层理面比穿过层理面更容易导电。电流和驱动它们的电场是矢量，但在各向异性介质中不一定是同一个方向。因此，描述它们之间关系的电阻率或电导率是一个张量。

如5.2节所述，电流也可以由交变磁场驱动，因此存在磁电阻率/电导率张量和电张量。使用全张量信息仍然是不常见的，但在解释人员需要它的地方，现场工作人员会发现他们的生活变得更加复杂，因为必须部署更多的传感器，而且必须在每个野外测量点进行更多的测量。

5.2 变化的电流

在发射机中循环的变化电流可以在没有实际物理接触的情况下，通过电感耦合或电容耦合产生地下电流。这种在航空工作中必不可少的方法在地面上也可能有用，因为直接电接触总是很麻烦，这在混凝土、沥青、冰或永久冻土上是不可能的。

5.2.1 感应

在19世纪晚期，安培发现，通过导线的电流周围存在一个圆形磁场。不久之后，法拉第意识到，反过来，磁场的变化可以在线圈中产生电流。麦克斯韦把这些原理结合起来并加以扩展，从而对电磁场和导体之间的相互作用提供了一个完整的描述。对电磁数据进行地球物理解释是根据安培定律和法拉第定律对地下勘探进行的可视化工作。

在不断变化的磁场中，电压（电动势，或emf）与磁场变化方向成直角，电流将在附近形成闭合电路的任何导体中流动。控制这一现象的方程相对简单，但地质导体非常复杂，在理论分析中，称为涡流的感应电流可以用大大简化的模型来近似计算。

涡流的大小是由感应电路中电流的变化率和一个称为互感的几何参数决定的。如果有很长的相邻的传导路径，且诱导磁场的变化与易于流动的电流方向成直角，以及存在磁性材料以增强磁场强度，那么互感系数就很大，导体就被认为是耦合良好的。

当电路中的电流发生变化时，该电路中会产生一个相反的电动势。结果，紧密缠绕的线圈强烈地抵抗电流变化，并且据说具有高阻抗和很大的自感。

5.2.2 渗透率和介电常数

电导率和电阻率足以描述电荷在导体中随稳态场运动的方式。随着电场的变化，其他因素变得很重要，麦克斯韦本构方程描述了材料如何响应构成电磁波的电场。介电常数ε描述受约束的电荷（d）是如何响应电场（E）而移动的：

$$d = \varepsilon \cdot E$$

磁导率μ，描述了原子和分子磁矩（b）对磁场（H）的响应：

$$b = \mu \cdot H$$

式中粗体的量是向量。这些方程式需要空白空间，以同时具有介电常数ε_0和磁导率μ_0，其SI单位的值分别为8.85×10^{-12} F/m和$4\pi \times 10^{-7}$ H/m。因此，在处理其他介质时会出现问题，因为可以使用绝对值ε和μ，或相对值ε_r和μ_r，从而有

$$\varepsilon = \varepsilon_0 \varepsilon_r \ \text{和} \ \mu = \mu_0 \mu_r$$

这不是问题，除非经常省略下标（和"相对"一词），而且通常很难知道使用的是绝对量还是相对量。一个好的通用规则是，除非另有说明或指示，否则方程式中没有下标的符号很可能指的是绝对值，而数值几乎总是相对的。介电常数在探地雷达（GPR）工作中最为重要，其相对值也称为介电常数（见下文第10章）。

5.2.3 相位

地下交变场的特性是许多电磁测量的基础。这些交变场可以用

正弦和余弦函数来描述。

在图5.3中，如果线OP（其长度为a），从最初水平位置以恒定的角速度ω逆时针旋转，然后，在任意时间t，OR将等于$\sin\omega t$，OS将等于$\cos\omega t$。这两个函数可以用正弦和余弦曲线，或正弦和余弦波来表示，其中横轴表示时间，纵轴表示位移。这种波称为正弦波。正弦波的周期是使OP描述完整的圆的时间，即旋转360°或2π弧度，也等于$2\pi/\omega$，其中ω单位为rad/s。这两个波最大振幅相同（通常称为"振幅"），且等于a。它们唯一的差异在于90°或$\pi/2$的弧度的角位移，被称为相位差。通常认为图5.3中的余弦波领先正弦波$\pi/2$弧度，或说正弦波滞后余弦波$\pi/2$弧度（乍一看，它看起来好像应该反过来，但实际上图表显示的是余弦波在正弦波1/4周期之前达到最大振幅）。

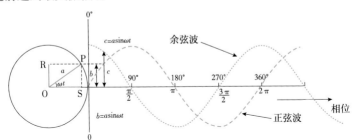

图5.3 逆时针旋转臂产生正弦波

有关符号的解释，请参阅文中说明

一个完全通用的正弦波由方程描述：

$$z = a \cdot \sin(\omega t + \varphi)$$

其中，φ是相位角。这类曲线的任意一条曲线都可以分解为单独的正弦波和余弦波，其振幅s和c与原始振幅和相位相关，见方程：

$$a = \sqrt{s^2 + c^2} \text{ 和 } \tan\varphi = s/c$$

这些方程式可以从旋转臂的图5.3的图片中得出，但是在这种情况下，OP将以初始相位角开始旋转（在时间$t=0$时），这将转化为等于φ/ω的时间差。不太复杂的是，在某些地球物理应用中（特别是在地震处理中），相位角是指对称余弦波而不是反对称正弦波。

在电磁感应测量中，感应电流及其相关的次级磁场与初级磁场的相位不同，因此可以分解为同相且与初级磁场异相90°（或$\pi/2$弧度）的分量。异相分量也可以（更准确和不易混淆）描述为与主信号处于正交状态。这两个分量可以由相互成直角（正交）绘制的矢量表示，这一事实也使它们可以用复数的数学形式来描述，使用-1平方根的"虚部"（通常根据喜好选择表示为"i"或"j"）。然后将同相分量和正交分量分别描述为实分量和虚分量。因此，电磁仪器上标有"i"的旋钮可以根据制造商的意愿控制"同相"或"图像合成"信号。这也是阅读手册的另一个原因。

由于电磁波以光速而不是瞬间在空气中传播，所以相位会随着距离发射器的距离而改变。在大多数地球物理勘探中，发射机和接收机之间的距离很小，这就确保了这些偏移可以忽略不计。

5.2.4 瞬变

作为正弦信号的另一种选择，在发射机线圈或电线中循环的电流可以突然终止。瞬变电磁法（TEM）是一种有效的多频方法，因为一个方波包含了基波的所有奇次谐波元素，理论上可以达到无限频率（图5.4）。瞬变电磁法与连续波法相比有许多优点，其中大部分是由于瞬变电磁法的测量是在一次电流结束后进行的。因此不可能有部分主磁场"泄漏"到二次现场测量（不管是电子还是由于线圈定位错误引起的）。

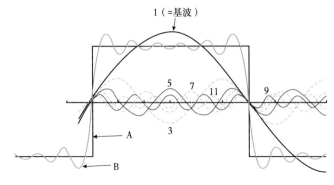

图5.4　方波及其近似表示示意图

方波（A）为多频正弦波；将前5个奇次谐波（3、5、7、9和11的整数倍）和基频（1）相加，就可以得到方波的一个很好的近似（B）；这些分量波所需的振幅可以用傅里叶分析方法确定；加入适当振幅的高奇次谐波将进一步改善近似效果

5.2.5　深度穿透

电磁场导致在附近导体中流动的电流从电磁场中提取能量，因此降低了穿透力。连续导体中的平面交替波衰减遵循由衰减常数（α）控制的指数法则（见第1.2.6节），该法则由下式给出：

$$\alpha = \omega \left[\frac{1}{2}\mu\varepsilon \left(-1 + \sqrt{1 + \frac{\sigma^2}{\varepsilon_a^2 \omega^2}} \right) \right]^{\frac{1}{2}}$$

这里μ和ε分别为磁导率和介电常数的绝对值，$\omega(=2\pi f)$是角频率。衰减常数的倒数称为趋肤深度，等于信号下降到原始值$1/e$的距离。由于自然对数的基数e约等于2.718，信号强度在一个趋肤深度上降低了近2/3。

在常见的极限条件下，上述衰减方程可以大大简化。在电磁（EM）测量中使用的那些频率上，因子$\sigma^2/\omega^2\varepsilon^2$远远大于1，方括号内的量简化为$\sigma/\omega\varepsilon$，进一步简化，意味着$\alpha = \left(\frac{1}{2}\mu\sigma\omega\right)^{\frac{1}{2}}$。如果磁

导率接近在自由空间的值，则

$$\alpha = \frac{\sqrt{\sigma f}}{500}$$

地球物质中的电磁波的波长约等于趋肤深度（图5.5）乘以2π。在趋肤深度是限制因素的情况下，即涉及平面波或准平面波的情况下，测量深度通常认为等于趋肤深度除以$\sqrt{2}$，即等于$350/\sqrt{\sigma f}$。理想情况下，测量的趋肤深度应是目标对象深度的两倍。不仅如此，因为反立方定律衰减必须考虑到小的偶极子源，而反平方定律衰减需要考虑尺寸较长的电线。在发射机和接收机都是小线圈的系统中，一个重要的概念是感应数，它等于线圈的距离除以趋肤深度。在低感应数时，即在线圈距离比趋肤深度小得多的情况下，距离是控制穿透深度的主要因素。

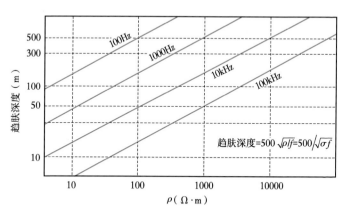

图5.5 趋肤深度随频率f、电阻率ρ和电导率σ的变化

频率越高，对小目标的定位和求解越精确，但趋肤深度方程表明，频率越高，穿透力越小。在连续波勘探中，可以通过使用两个或更多的频率获得额外的信息。瞬变电磁法勘探具有固有的多频性。

6

电阻率

电法地球物理学中的术语可能令人困惑。所谓直流（DC）测量中的电流流动通常以一秒或两秒的间隔反转，而通过电容耦合将交流电引入地面的CCR测量在与DC和EM相比时，与DC具有更多的共同点（尽管电磁EM方法使用kHz频率）。本章将讨论这两种方法。

6.1　直流电勘探原理

表面电阻率方法基于载流电极周围测得的电位（电压）受下层材料的电阻率影响的原理。

6.1.1　视电阻率

使电流同时流过一对接地电极，并测量它们之间的电压来求取接地电阻率这种"显而易见"的方法是不起作用的。因为接触电阻取决于接地湿度和接触面积等因素，有些地方可能达到上千欧姆。如图6.1所示，如果使用实际上不吸收电流的高阻抗电压表测量第二对电极之间的电压，则可以避免这个问题。通过电压电极的压降可以忽略不计，尽管电流电极上的电阻限制了电流流动，但它们不影响电阻率的计算。通常电流电极与电压电极是一致的，但它们可以放在任何地方。需要用一个几何因子来将这些四电极阵列的读数转换成电阻率。

任何一种阵列的单次测量结果都可以解释为具有恒定电阻率的均匀大地的结果。用来计算视电阻率ρ_a的几何因子可以通过对每个电流电极/电压电极对应用以下方程得到：

$$V = \frac{\rho I}{2\pi a}$$

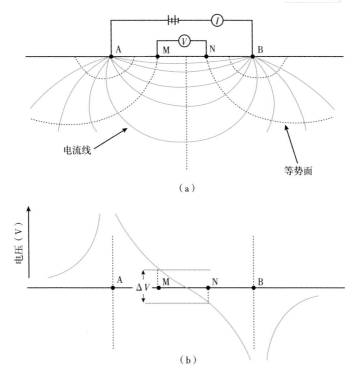

（a）均匀半空间中电极A和电极B与等势面（与电流线垂直的虚线）之间的电流（实线）；
（b）电压下降，电位ΔV在电极M和N之间测量得到，定位（在这种情况下）
为温纳（Wenner）阵列

图6.1 视电阻率测量

它定义了在电阻率ρ的均匀半空间（均匀接地）表面，距点电极为a的距离处的电位。电流I可以是正的（如果进入地下），也可以是负的，任何一点的电位都等于单个电流电极的贡献之和。

两个电压电极M和N处的总电势之差为

$$\Delta V = \frac{I\rho}{2\pi(1/[\text{ MA }]-1/[\text{ NA }]-1/[\text{ MB }]+1/[\text{ NB }])}$$

其中电流I在A和B处的电流电极之间、M和N处的电压电极间流动（图6.1a），方括号内的量表示电极间距离。不管它们是否在一条直线上，这些距离总是电极之间的实际距离。括号内的量通常用 $1/K$ 表示，视电阻率可由基本矩阵方程计算：

$$\rho_a = 2\pi K(V/I)$$

其中 V、I 为测量值，K 为几何因子，单位为米，由电极排列决定。

几何因子不受环流和电压电极的影响，但电压电极的间距通常保持很小，以尽量减少自然电位的影响。

6.1.2 电极阵列

图6.2给出了几种常用的电极阵列及其几何因子。这些名字都是常用的，可能会让学究们心烦意乱。例如，偶极子应该由两个电极组成，两个电极之间的距离与其他电极之间的距离相比可以忽略不计。因此，将这一术语应用于偶极子—偶极子阵列和单极子—偶极子阵列是不正确的，因为它们到下一个电极的距离通常仅为"偶极子"间距的1~6倍。没有多少人担心这个。

到固定电极的距离"无穷大"至少应该是任意两个移动电极之间距离的10倍，理想情况下是30倍。所需的长电缆会妨碍现场工作，但也可以充当天线，接收可能影响读数（感应噪声）的杂散电磁信号。

6.1.3 阵列描述（图6.2）

温纳（Wenner）阵列：应用非常广泛，并得到了大量的解释文献和计算机软件包的支持。是常用于对其他阵列进行评估的"标准"阵列。

双电极（单极—单极）阵列：从理论上讲是有趣的，因为只要覆盖范围足够，就可以从测量导线的读数中计算出从任何其他类型的阵列中获得的结果。但是，当用紧密排列的电极获得的大量结果相加在一起时，所累积的噪声阻碍了它的实际应用。该阵列在考古工作中非常受欢迎，因为它可以快速进行单人操作。作为常规阵列，它是电测井的标准之一。

斯伦贝谢（Schlumberger）阵列：在解释材料的可用性方面，斯伦贝谢阵列是唯一能与温纳阵列相匹敌的阵列，所有这些都与"理想"阵列有关，内部电极之间的距离可以忽略不计。与温纳阵列一样，是电法测深工作最受欢迎的。

梯度阵列：广泛应用于勘测，特别是在激发激化（IP）测量中。如果有足够强大的发电机，就可以在不移动电流电极的情况下获取大量平行于测线的读数。图6.3显示了图6.2中给出的几何因子随电压偶极子位置的变化情况。

偶极子—偶极子阵列：由于电流和电压电路完全分离，减少了易受电感噪声影响的弱点，因此在IP工作中很受欢迎。有相当多的解释性材料可供使用。通过改变n可以得到不同深度的信息。原则上，n的值越大，采样的电流路径穿透深度越大。测量结果通常被绘制为伪剖面（见下文第7.5.2节）。

单极子—偶极子阵列：产生不对称异常，比对称阵列产生的异常更难解释。峰值与导电体或充电体的中心有一定的偏移，必须特别小心地记录电极的位置。数值通常绘制在移动电压电极之间的点上，但这不是一个普遍使用的标准。结果可以显示为伪剖面，深度随n的变化而变化。

方阵：方阵四角上的四个电极以不同的方式组合成电压和电流对。测深是通过扩大正方形来进行的。整个阵列在测量时是横向移动的。虽然不方便，但可以为有经验的解释人员提供有关地面各向异性和非均匀性的重要信息。发表的案例或类型曲线较少。

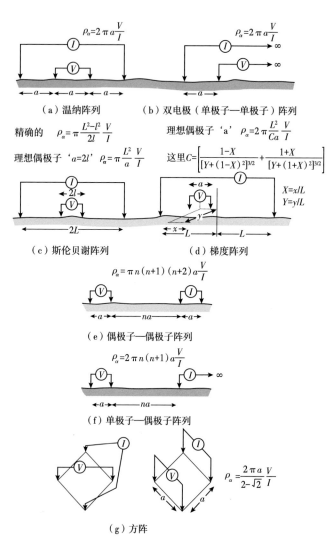

图6.2　常用电极阵列及其几何因子

由于在均匀接地上没有观测到电压差，所以对角方阵不存在因子

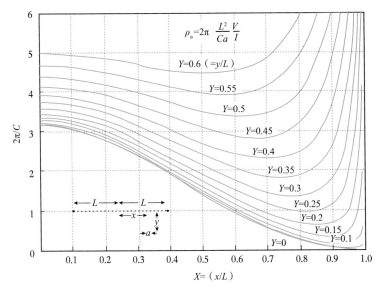

图6.3 梯度阵列响应随电压偶极子位置的近似变化图

阵列总长度$2L$，电压偶极子长度a；因子C定义如图6.2所示；距离x和y分别定义了沿中心线测量的电压偶极子中心的位置和与中心线成直角的位置；对于$x=0$和$y=0$、$C=2$，梯度阵列和斯伦贝谢阵列的"理想偶极子"方程是相同的；近似方程只适用于曲线大致水平的情况，一般最好使用基本的阵列方程和精确的因子；使用计算机电子表格程序很容易做到

以下为未展示多电极阵列。

李（Lee）阵列：类似温纳阵列，但有一个额外的中央电极。从中心到两个"正常"电压电极之间的电压差反映了接地的不均匀性。这两个值可以加起来应用于温纳公式。

偏置温纳：与李阵列相似，但五个电极之间的距离相同（见下文图6.9）。将分别使用四个右边电极和四个左边电极作为标准温纳阵列得到的测量值进行平均，得到视电阻率，并进行差分，以提供一种测量地面不均匀性的方法。

聚焦阵列：多电极阵列被设计成能够将电流聚焦到地面，从而在不进行扩展的情况下实现深度穿透。可以说，这是在尝试做不可能的事情，而且这样的阵列应该在有经验的解释员的指导下使用。

6.1.4 信号—贡献剖面

一层和两层的电流—流动模式如图6.4所示。近地表不均匀性对阵列的选择有很大的影响。它们的影响通过每个单位体积的地面对所测电压以及视电阻率的信号贡献的等值线图来说明（图6.5）。对于线性阵列，这些等值线在通过电极线的任何平面（垂直、水平或倾斜）中都具有相同的外观（即从阵列的末端看时等值线为半圆形）。

对图 6.5的一个合理的第一反应是，有用的电阻率测量是不可能的，因为靠近电极的区域贡献非常大。一些幻想破灭的客户会赞同这一观点。然而，符号的变化意味着导电近地表层在某些地方会增加视电阻率，而在另一些地方会降低视电阻率。在均匀地面上，这些效应可以精确地抵消。

当对温纳阵列或偶极子—偶极子阵列进行扩展时，所有电极都会移动，近地表物体的贡献随读数的不同而不同。在斯伦贝谢阵列中，如果只移动外层电极，近表面效应的变化要小得多，因此通常首选阵列测深。但是，偏移技术（见第6.4.3节）能够使温纳阵列获得极好的结果。

当使用梯度或双电极阵列进行剖面采集时，近地表效应可能很大，但它们也非常局限。一般需要收集大量的读数，并应用平滑滤波器。

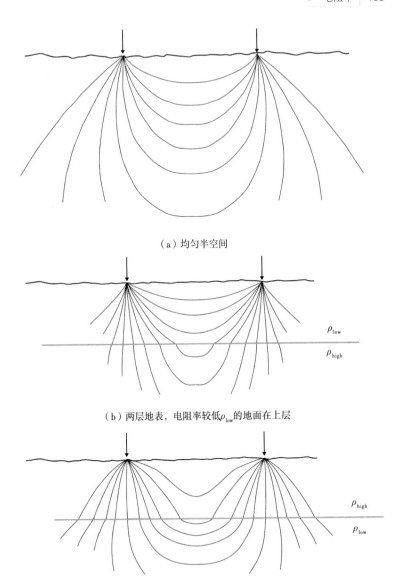

（a）均匀半空间

（b）两层地表，电阻率较低ρ_{low}的地面在上层

（c）两层地表，高电阻率（ρ_{high}）的地面在上层

图6.4 电流流动模式

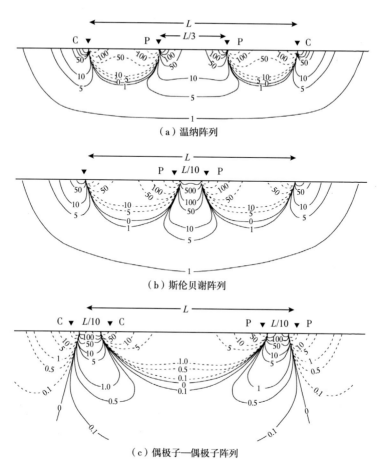

（a）温纳阵列

（b）斯伦贝谢阵列

（c）偶极子—偶极子阵列

图6.5　信号贡献等值线图经Barker R.博士许可使用

等值线显示了均匀地面单位体积对信号的相对贡献；虚线表示负值

6.1.5　深度探测

阵列的选择通常至少有一部分原因是依赖于穿透深度的，但这几乎是不可能定义的，因为给定的少量电流的穿透深度依赖于分层以及电流电极之间的距离。电压电极位置决定了对电流场的哪一部分进行了采样，因此温纳阵列和斯伦贝谢阵列的穿透率很可能在相同的阵列总长度下非常相似。对这二者中的任一种阵列，上覆均匀地层下的深界面的效应取决于电阻率的对比，但其扩展程度约为外层电极间距的四分之一。当在均匀上层之下的深界面的影响变得明显时，对于任一阵列的扩展取决于电阻率的对比度，数量级约为外部电极之间间距的四分之一。

对于任何阵列，均匀地层中具有不同电阻率的薄层对电法的影响都存在一个最大的深度。这比两层地球界面第一次显现出来的深度要小，而这样一层界面的影响图（图6.6，温纳阵列、斯伦贝谢阵列和偶极子—偶极子阵列）证实了这一点。按照这个标准，温纳阵列是最小穿透深度的阵列，偶极子—偶极子是穿透深度最大的阵列。然而，温纳曲线具有最尖锐的峰值，表明具有更好的分辨率。这一点得到了信号贡献等值线（图6.5）的证实，相对于斯伦贝谢阵列，温纳阵列的信号贡献等值线在深度上略为平坦，这表明温纳阵列能够更准确地定位平面界面。偶极子—偶极子阵列的信号贡献等值线在相当深的地方几乎是垂直的，这表明该阵列最适合绘制横向变化图而不是纵向变化图。

6.2 直流电的实际应用

在被称为"直流电"（direct current，DC）的测量中使用的电流实际上从来都不是单向的。通过简单地对两个方向的结果进行求和再平均，就可以消除单向自然电流的影响。

直流电测量需要电流发生器、电压表、电流表和与地面接触的电器。电缆和电极很便宜，但却是系统的重要组成部分，大部分的噪声都与它们有关。

6.2.1 金属电极

用于向地面注入电流的电极几乎都是金属桩，在干燥的地面上，可能需要将其锤入超过50cm（但不超过电极间距的10%）的深度，并浇水以改善接触。在接触非常差的地方，可以使用盐水和多根金属桩。如果这不能有效降低接触电阻，可以挖一个坑，内衬铝箔，用盐水湿润，填满土壤。在干旱条件下，可以向水中添加洗涤剂，以消除表面张力，改善与地面的接触。在插入金属桩之前，用黏土泥浆填充空隙是改善粗粒材料（如砾石）接触的一种有效方法。在极端情况下，可能必须通过爆破才能在高电阻性石灰或红土表面层钻孔。

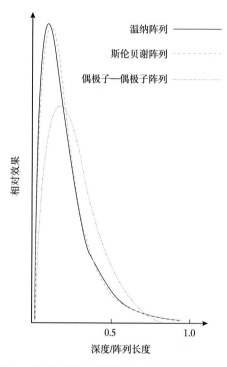

图6.6　水平高阻薄层地基在均匀地面上的相对效果图

曲线下的面积是相等的，这掩盖了以下事实：使用斯伦贝谢阵列观察到的电压要比使用温纳阵列观察到的电压小一些，而使用偶极子—偶极子阵列观察到的电压更小得多

金属桩电极有多种形式。如果地面坚硬且需要重锤，则钻钢的长度要足够。尖角烙铁的尖头长度仅稍弱一些，并且具有较大的接触面积。如果地面较软且主要考虑速度，则前期施工人员可以沿导线将大金属帐篷钉插入地面。

只要金属与地下水接触，就会产生极化电压。它们的大小取决于相关的金属，当电极由不锈钢等材料制成时，它们相对较小。极化电压是单向的，在常规直流电测量中，电流的常规逆转通常可以达到抵消这些影响的可接受水平。

6.2.2　非激化电极

极化电压在SP测量中是严重的噪声源，包括测量小的自然电位（和单向电位），因此在激发极化（IP）测量中（见第7章），必须使用非极化电极。它们的设计依赖于这样一个事实，即金属和饱和溶液之间的界面不存在接触电位。最常见的类型是与饱和硫酸铜溶液接触的铜棒。铜棒连接到一个容器（锅）的盖子，它有一个多孔的木材基座，或更常见的无釉陶。与地面的接触是通过底座渗漏的溶液来实现的。锅中应保留一些固态硫酸铜，以确保饱和，并且必须抵制用淡水"补足"的诱惑，因为如果溶液的任何一部分低于饱和，都会产生电压。这些电极的高电阻通常并不重要，因为电流不应该在电压测量电路中流动。

尽管理论上有一些优点，但非极化电极在常规直流电工作中很少使用。在感应极化测量中，使用非极化电极进行电流注入和电压测量是非常必要的，但这不仅会造成电阻的问题，而且由于铜的电解溶解和沉积，电极性能会迅速变差。

硫酸铜溶液到处都是，能够腐蚀一切，因此不受欢迎。使用铅/氯化铅或锡/氯化锡组合的非极化电极更容易操作，但成本要高得多。

不锈钢极化程度很小，并且也可以构成有效的电流电极，因此，当同一电极有时成为电流对的一部分，有时成为电压对的一部分时，不锈钢会受到青睐。

6.2.3　电缆

用于直流电和IP测量的电缆传统上是单芯、多股铜线，由塑料或橡胶套管绝缘。因为接触电阻几乎总是比电缆电阻高得多，因此厚度通常取决于对机械强度的要求，而不是低电阻，长电缆可能需要钢筋加固。

事实上，在所有直流电测量中，四根电缆中有两根是长电缆，如果要避免延迟，第1.4.2节中描述的电缆处理的良好做法是必不可少的。可以连接多个电极的多芯电缆正变得越来越受欢迎，因为一旦电缆铺设好并连接起来，就可以使用选择开关用电流和电压电极的不同组合进行一系列读数。

输电线是可能的噪声源，有必要使测量电缆远离其明显或可疑的位置。50Hz或60Hz的输电线频率与大多数DC测量和IP测量中的电流反向的5~0.5Hz的频率非常不同，但它们可以影响非常敏感的现代仪器，特别是时域IP（见第7.3节）。令人高兴的是，其产生的结果通常要么荒谬、要么不存在，不会形成误导。

电缆通常由鳄鱼夹连接到电极上，因为螺钉连接很难使用，而且很容易被不小心的锤击损坏。然而，夹子也很容易丢失，每个外勤人员都应该携带至少一个备用的螺丝刀和一对小钳子。

6.2.4　发电机和发射机

在DC测量和IP测量中控制和测量电流的仪器称为发射机。大多数电流都是方波电流，循环时间在0.2~2s之间。设置下限是为了尽量减少感应（电磁）和电容效应，设置上限是为了达到一个可接受的覆盖率。电流水平必须预先设定或监测，因为低电流可能影响结果的有效性。

电源可以是干电池、充电电池或发电机。曾经用于直流电测量的手摇发电机（Meggers）现在非常罕见。如果电流电极之间的距离超过100m或200m，可能需要几千伏安（kVA）的输出，发电机不仅不便于携带，而且提供的电力水平可能是致命的。因此，在处理电极问题，以及确保整个电缆长度范围内行人和牲畜的安全问题上，必须采取严格的预防措施。在至少一个案例中（在澳大利亚），严重的草地火灾是由时域IP发射机电缆绝缘故障引起的。

6.2.5 接收器和检测器

在DC测量和IP测量中测量电压的仪器称为接收器。主要设计要求是从地面获取微弱的电流。最初使用高灵敏度动圈仪和电位（电压平衡）电路，但现在已经被基于场效应晶体管的单元所取代。这种专为低功率直流电测量设计的仪器可以将发射机和接收机集成到一个外壳中，然后直接以欧姆显示读数。在需要来自大型电池组或电动发电机的大功率情况下，以及在IP测量中必须不惜一切代价避免直接的收发器相互作用的情况下，使用独立的单元几乎是不可避免的。

为了评估噪声水平和进行SP测量，大多数接收器即使在没有电流供应的情况下也允许测量电压。电压范围、周期数（表示覆盖速度和良好的信噪比之间的折中）和读数格式可能必须通过面板键盘或开关来指定。通常，每完成一个周期，显示的读数就会更新一次，只有在读数稳定下来后，才应该记录该测量值。

错误状态，例如低电流、低电压、错误或缺失的连接，可能会在显示屏上以数字代码指示，因而没有手册则毫无意义。如果其他所有方法均失败，请阅读手册。

6.2.6 电气测量中的噪声

由于原则上可以将电极以任何所需的准确度放置在地面上（尽管误差总是可能发生的，并且随着间隔的增加而变得越来越可能），并且由于大多数现代仪器提供的电流处于多个预设水平之一，以至于电源波动通常很小且不重要，进入视电阻率计算的噪声几乎完全来源于电压测量。一个重要的因素是电压表的灵敏度，但是自然电压也可能会产生噪声，噪声会随时间变化，因此通过反向电流、求平均值以及电缆中的感应也不能完全消除。尽可能避免大的采样间隔和长电缆，但提高信噪比最有效的方法是增强信号。现代仪器常常为观测者提供 V/I 的直接读数（以欧姆为单位），因此往往会掩盖电压的大小。小欧姆值表示小电压，但电流水平也必须考虑在内。任何给定的仪器能够提供的电流量都有物理上的限制，因此可能有必要选择具有几何因子的阵列，这些几何因子意味着给定的电流具有较大的电压。温纳阵列和双电极阵列在这方面的得分比其他大多数阵列都高。

使用斯伦贝谢阵列测量的电压总是小于总长度相同的温纳阵列的测量结果，这是因为它的电压电极之间的距离总是更小。对于偶极—偶极阵列，比较取决于参数"n"，但即使对于 $n=1$（即在外观上与温纳阵列非常相似），信号强度也要比温纳阵列小 3 倍。

当梯度阵列和双电极勘测阵列进行比较时，差异更大。如果到固定电极的距离是偶极距的 30 倍，则在相同电流下，双电极电压信号是梯度阵列信号的 150 倍以上。然而，梯度阵列使用较短的电压电缆更容易处理，更不易受到感应噪声的影响，以及由于电流电极不移动可以安全地使用更大的电流。

6.3 电阻率分析

电阻率导线测量用于检测横向变化。阵列参数保持不变，因此穿透深度只随地下分层的变化而变化。由于视电阻率的每一个值都可以用两层类型曲线转换成一个深度，因此，如果只涉及已知电阻率和恒定电阻率两层，就可以从剖面中获得深度信息（图6.7）。但是，应当定期对照第6.4节所讨论的扩展阵列探测的结果来检查这种估计数。

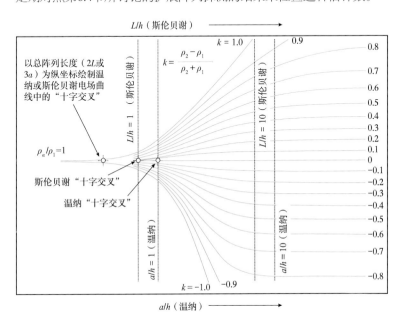

图6.7 温纳阵列的两层视电阻率类型曲线

在对数—对数纸上绘制；当与在两层地表上获得的电场曲线匹配时，线条$a/h=1$
表示界面深度，线条$\rho_a/\rho=1$表示上覆层电阻率；最佳拟合场曲线的k值允许计算
下层电阻率的ρ_2值；对于斯伦贝谢测深，可以使用相同的曲线（非常近似），
其中到界面的深度由线条$L/h=1$给出

6.3.1 目标

理想的测量目标是两种电阻率差别很大的岩石之间的陡倾接触，这种接触隐藏在较薄且相对均匀的覆盖层之下。这样的目标确实存在，特别是在人工改造的环境中，但是由于感兴趣的地质变化引起的视电阻率变化往往很小，必须与由于其他地质来源引起的背景区分

开。黏土中的砾石透镜，北极苔原中的冰透镜以及石灰石中的洞穴比周围的电阻都高得多，但往往很小，很难被发现。使用第8章所述的电磁方法，通常更容易找到良导体，无论是硫化物矿体还是金属管。

6.3.2　阵列选择

电阻率测量的首选阵列是那些最容易移动的阵列。梯度阵列只有两个可移动的电极，它们之间的距离很小，并且仅通过一根可移动的电缆相连，因此值得推荐。然而，这个阵列所能覆盖的区域很小，除非电流是由重型发电机提供的。因此，在目标深度一般较小的考古工作中，双电极阵列已成为首选阵列。在处理长电缆到"无限远"的电极时必须非常小心，但是使用一个刚性框架可以非常快速地进行大量的采样，两个电极（通常还有仪器和数据记录器）都安装在这个框架上。许多这样的框架现在包含多个电极，并为许多不同的电极组合提供结果。

使用温纳阵列，所有四个电极都需要移动，但是由于所有电极间的距离都是相同的，所以很少出现错误。廉价的金属电极在整个测线中可以提前布置好。只要使用"直流电"或甚低频交流电，这样感应就不成问题，通过将电缆切割到所需的长度并将它们捆绑在一起，或者使用专门设计的多芯电缆，可以加快工作速度。

偶极子—偶极子阵列主要用于IP测量工作（见下文第7章），其中必须不惜一切代价避免感应效应。必须要移动四个电极，而且观察到的电压通常很小。

使用方阵阵列可以粗略地评估电阻率的各向异性（参见图6.2g），但绕中心点对线性的四电极阵列旋转可以获得更多细节。通常是用10°的间隔扫描180°。扫描完成后，将矩阵移动到另一个中心点，并重复该过程。利用这种方法可以获得裂缝走向或渗水路径的信息。

6.3.3 导线测量笔记

由于阵列参数在导线测量时保持不变，因此可以在笔记页眉上记录阵列类型、间距和方向，以及通常的电流设置和电压范围。原则上，每个基站只需要记录站号、备注和 V/I 读数，但也应注意电流和电压设置的任何变化，因为它们会影响读数的可靠性。

应注意土壤类型、植被或地形的变化，以及可能遇到非地质影响的耕地或人口居住区。这些观察通常由仪器操作人员负责，但是，由于任何电极周围的局部条件都可能很重要，因此可能必须涉及远程电极的操作人员。由于任何关于单个野外观测点的注释都倾向于描述它与周边环境的关系，因此应该包括描述和示意图。当使用框架电极获得快速、紧密间隔的读数时，结果通常直接记录在数据记录器中，一般的描述和草图都变得非常重要。

6.3.4 导线测量数据的显示

电阻率导线测量结果常以剖面形式显示，这保留了原始数据的所有特征。电阻率和地形的剖面可以连同简要的现场记录一同显示。不同导线测量搜集的数据可以叠加显示在一张底图上（参见第1.5.10节），但是这样的话通常留给注释的空间就不多了。

电阻或导电特性的走向在等值线剖面上比在叠加图上更加清楚，导线的位置和数据点的位置也应该在等值线上标识出来。在各向异性存在的地方，使用不同方向的阵列生成的同一区域的地图可能差异很大。

6.4 电阻率测深

电阻率测深研究地层分层，它常使用阵列，其中一些或所有电极之间的距离是成系统地增加。视电阻率与分布的关系绘制在对数—对数纸上（图 6.7）。虽然已经开发了解释倾斜层的技术，但传统的测深方法只能在大致水平的界面上工作。

6.4.1　阵列选择

由于深度探测涉及围绕中心点进行扩展，仪器通常会停留在一个位置。因此，仪器的便携性不如剖面分析中那么重要。温纳阵列是非常受欢迎的，但为了速度快和方便，斯伦贝谢阵列往往是首选，因为其中只有两个电极移动。众多的解释文献、计算机程序和类型曲线可广泛用于这两种阵列。温纳曲线和斯伦贝谢曲线之间的差异通常低于观测噪声水平（图6.7）。

阵列方向往往受地形的限制；也就是说，可能只有一个方向可以使电极在直线上保持足够的距离。如果可以选择，阵列应沿平行于可能的走向展开，以尽量减少非水平层理的影响。通常，即使只能得到非常有限的测线长度，也需要进行第二次正交展开来检查方向效应。

普通直流测深工作不采用偶极子—偶极子和双电极阵列。在 IP 测量中常用的偶极子—偶极子深度伪剖面在第7.5.2节中进行讨论。

6.4.2　使用斯伦贝谢阵列

在所有的测深工作中，选址都是极其重要的，对于斯伦贝谢阵列尤其重要，因为它对内部电极之间的紧密距离非常敏感。上覆非常不均匀地层的位置不适合作为阵列中心，因此，偏置温纳阵列（见第6.4.3节）可能更适合填埋场。

斯伦贝谢阵列的外电极通常以近似或精确对数的间距移动。半间距序列1、1.5、2、3、5、7、10、15…很方便，但有些解释程序需要精确的对数间距。五六个到十个读数的顺序分别为1.58、2.51、3.98、6.31、10.0、15.8…和1.47、2.15、3.16、4.64、6.81、10.0、

14.7…。通过其他间距的读数绘制的曲线可以重新采样，但能够直接使用现场结果有明显的优势。

斯伦贝谢阵列的视电阻率通常由图6.2c的近似方程来计算，只有当内部电极形成长度可忽略的理想偶极子时，该方程才严格适用。虽然用精确的方程可以得到更精确的视电阻率，但解释并不一定更可靠，因为所有类型的曲线都基于理想偶极子。

随着斯伦贝谢阵列的扩展（通过移动外部电极），除非内部电极也被分开得更远，否则电压最终将变得太小而无法精确测量。因此，测深曲线将由若干单独的段组成（图6.8）。即使地面实际上被划分成内部完全均匀的层，段之间也不会顺利连接，因为每次电极内部间距发生变化时，使用偶极方程所做的近似都会发生变化。这种效应一般不像电位电极周围地面不均匀性的影响那么重要，通过将曲线段整体平行于电阻率轴移动，形成一条连续的曲线，然后进行解释。为此，必须进行重叠读数。理想情况下，每次改变曲线位置时至少应有三个重叠读数，但更常见的是两个（图6.8），遗憾的是标准中只规定了一个。

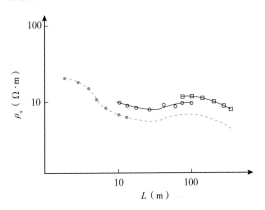

图6.8 使用不同电极内间距得到的重叠段构建完整的斯伦贝谢测深曲线（虚线）

电流电极间距为2L

6.4.3 偏置温纳测深

斯伦贝谢阵列解释的复杂性在于对测深曲线的分割，以及使用的阵列只能近似于解释中假定的条件。另一方面，使用温纳阵列，每个读数的近地表条件在四个电极上都不相同，这可能导致高噪声水平。使用偏置温纳阵列（偏置温纳阵列由5个等间距电极组成，每一个读数来自其中的4个电极）可以生成更平滑的测深曲线（图6.9a）。每次扩展取两个读数，取其平均值，得到一条抑制局部效应的曲线。成对读数之间的差异表明了这些效应的程度。

使用五个电极使现场工作复杂化，但是如果扩展是基于以前间距的两倍（图6.9b），使用为此目的设计的多芯电缆可以非常迅速和有效地进行操作。

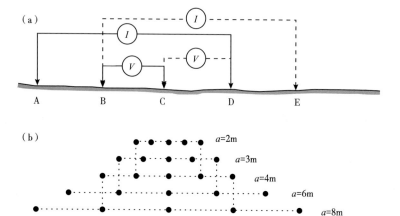

可变电极间间距为a；（a）当电流在A和D之间通过时，在B和C之间获得电压读数；当电流在B和E之间通过时，在C和D之间获得电压读数；（b）扩展系统允许重用电极位置以及多芯电缆的有效使用；（a）中的阵列放置在（b）中的间隔为8m的读数中

图6.9 偏置温纳测深示意图

6.4.4 测深记录本

在野外记录本中，每次测深都应该根据位置、方位和阵列类型来确定。应该清楚地描述总体环境，并应记录任何一种特殊性，例如选择特定方向的原因。电流强度和电压水平可能会有相当大的变化，并且应该为每个读数记录量程开关设置。

一般来说，特别是如果使用斯伦贝谢阵列，操作人员能够看到内部电极。要对远距离扩展处的外部电极位置进行注释，他们必须依靠二手报告或亲自检查管线的整个长度。

6.4.5 测深数据的表示

当移动远处的电极时，观测者通常有时间来计算和绘制视电阻率。任何一种情况下，轻微的延迟都比返回无法解释的结果要好，而且现场绘图应该是常规的操作。所需的只是一个袖珍计算器和一份对数—对数纸。笔记本电脑在现场上的麻烦往往超过了它的价值，因为所有的笔记本电脑都很贵，大多数都很脆弱，很少有防水的。

利用透明材料上的两层类型曲线（图 6.7）可以进行简单的解释。也有三层曲线的书，但一套完整的四层曲线记录纸将填满一个图书馆。如果无法使用现有的类型曲线找到精确的两层拟合，那么基于分段匹配的粗略解释将是最好的方法。使用辅助曲线来控制该过程，以定义两层曲线原点的允许位置，该两层曲线的原点将拟合到电场曲线的后续部分（图6.10）。

在1980年以前，逐步匹配是主要的解释方法。现在即使在野外营地，也可以进行基于计算机的交互式建模，并且可以提供更可靠的结果，但是分步方法仍然经常用于构建初始计算机模型。

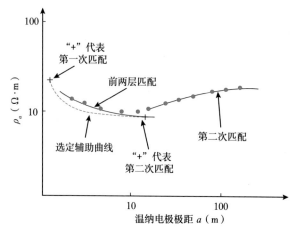

图6.10　顺序曲线匹配图

两层高电阻率之间的低电阻率层产生的曲线由图6.7所示类型的两层曲线的两次
应用来解释。在匹配曲线的较深部分时，线条$a/h=1$和线条$\rho_a/\rho=1$（"+"）的
交点必须位于辅助曲线所定义的线上

6.5　电阻率成像（ERI）

电阻率成像使用多个间隔的电极阵列来生成电阻率—深度剖面
（伪剖面）。尽管原则上可以使用基本的简单设备来（费力地）完成
此操作，但实际上，多电极是通过多芯电缆连接的，笔记本电脑或
掌上PC用于自动控制数据收集。在这种情况下，难以实现对数展
开，而线性展开（相对较小的间隔）是常态。该系统通常是专为浅
层勘测（深度＜20m）而设计的。

6.5.1　基本电阻率成像

术语很容易混淆。在欧洲、非洲和澳大利亚，二维电阻率成像有
时被称为电阻率层析成像（ERT），但ERT在北美通常只用于使用多个
平行的电极串进行测量，电极是成对地从不同电极串中选择的。然后
使用层析重建技术对数据进行处理。这与医学和地震成像中的层析成

像的意义是一致的,因此这是笔者所喜欢的定义。电阻率成像(ERI)一词在这里专门用于用单根多电极电缆获得的电阻率数据。

ERI数据是沿着测量导线以许多不同的间距(基本间距的倍数)收集的。如图6.11所示,结果可以显示为等值线伪剖面,从而给出电阻率随深度变化的方式的大致视觉印象。还可以使用有限元和最小二乘反演方法对数据进行反演,以产生所谓的真实电阻率部分,其垂直方向为深度,而不是电极间距,从而给出实际电阻率变化的

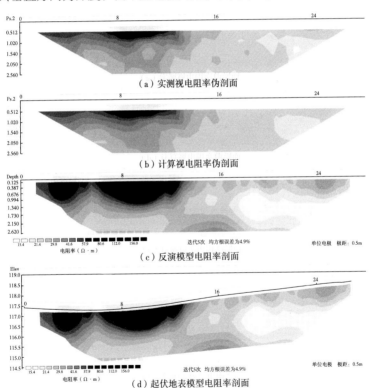

(a)温纳阵列视电阻率伪剖面;(b)根据真实电阻率模型(c)计算的视电阻率伪剖面,
也显示了(d)与实际地形的关系,垂直放大比例为2∶1;暗色表示高电阻率;
边坡断裂附近的高电阻率区为以前的黏土坑,充填有碎石等工业废弃物

图6.11 电阻率成像

更逼真的图像。由于越来越多地使用这些技术，简单的深度探测的不足已得到广泛认同。

ERI研究的最大深度由电极之间的基本间距和阵列中电极的数量决定。对于电极间距为2m的64个电极阵列，该深度约为20m，但还要受地面电阻率的影响。在任何一个位置点，随着有效电极间距的增大，在每个"深度水平"上收集的点越来越少，直到最后一个深度水平上只获得一个读数。为了抵消这种影响，阵列必须沿着调查的方向"滚动"。为了获得感兴趣深度所需的覆盖范围，就需要延长测线长度。这可能会对生产率产生重大影响，并且是勘探设计中的一个基本因素。

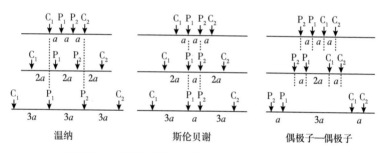

图6.12　三种常用电阻率成像（ERI）阵列的电极布局图

说明了为多芯电缆设计的不同开关组合方式；在温纳排列中，最初的电流电极经过两次扩展后可作为电压电极使用；对于斯伦贝谢阵列，电压电极可能根本不需要开关，而对于偶极子—偶极子阵列，开关必须将电压电极和电流电极保持在恒定的间距对中，但可以实现横向移动和扩展

6.5.2　阵列的选择和调查的深度

确定最符合勘探目标的阵列是ERI调查设计的一个重要部分，基本原则是与阵列分析或测深选择相同的——也就是说，调查的深度在很大程度上是由最大长度控制，垂直分辨率是由矩阵的类型控制，横向分辨率是由电极间距控制的。然而，选择也取决于要成图的结构类型、电阻率计的灵敏度和背景噪声水平，以及通过多芯电

缆实现自动切换的难易程度（图6.12）。

一般情况下，温纳阵列具有较好的层间垂直分辨率，偶极子—偶极子阵列具有较好的陡边界横向分辨率。由于给定电流输入的信号强度更大，温纳阵列最适合部署在有噪声的条件下，而偶极子—偶极子阵列可以用于记录信号强度相对较低的地方。斯伦贝谢阵列是一个很好的折中目标，用于垂直和横向分辨率都有要求的目标测量。

所有的反演方法都是试图为地下模型寻找具有与测量数据一致的响应的模型。毫不奇怪，可能会有许多模型生成的视电阻率计算值与给定的一组实测值吻合得同样好。

地质特征和人工构造，如深坑，在本质上是三维的。单极子—单极子、单极子—偶极子和偶极子—偶极子阵列通常用于三维测量，即使在测量网格边界附近也能继续获得良好的数据覆盖。直到最近，三维电阻率数据的收集和处理成本仍然高得惊人，但是随着多通道电阻率计的发展，它可以更快地收集数据，而功能更强大的微型计算机可以反演非常大的数据集，三维测量几乎已成为常规方案。

仅当使用专用设备减少收集必要的大量数据所花费的时间时，ERI的优势才能充分实现，而采用现代 61通道系统，地面覆盖速度比单个设备快50倍。

6.5.3 地形影响

地形会掩盖视电阻率数据中的特征，而反演会在高起伏区域中产生具有伪结构的电阻率剖面。在这些情况下，重要的是测量现场电极的相对高度并模拟地形效应。

即使在地形对电阻率值没有明显影响的地方，也必须进行记录，因为它会提供有关所测量位置的其他信息。图6.11d中的伪剖面参考了实际的地形，比图6.11c中的简单截面提供了更多信息。

6.5.4 延时测量

在情况随时间变化的地方可以使用延时ERI。这些地点包括但不限于土坝的渗漏路径、堆填区的渗滤液流出、清理地点的修复进展、沉孔活动、永久冻土的季节性变化、潮汐地区淡水/咸水界面的移动、路堤稳定性和滑坡风险等。标准的方法是对不同时间获得的数据分别建模，并生成不同的图来突出显示变化。从现场获得的第一个数据集中得到的初始反演模型可作为参考，或者，如果合适，可以基于来自地下且仍处于相对不受干扰状态的区域的数据与模型进行比较。

使用移动电话或互联网技术对永久的ERI设备进行远程监控，可以替代常规的现场维护，这是一种强大而经济的替代方案。在未来的十年里，这项技术很可能会大大普及。

6.6 电容耦合

在使电流电阻率剖面连续或半连续方面进行了许多尝试。拖拽电极阵列依赖于诸如尖刺轮之类的设备与地面接触，但是实现并保持足够低的接触电阻对这些系统来说是一个主要的挑战。在冰冻或非常干燥的表面，它们的功能很差。另一种方法是使用电容耦合，在这种方法中，由于交流电在绝缘导体中流动，导致电流在没有直接接触的情况下在地下流动。这种系统的天线可以在地面上用手或机械的方式自由地移动，连续测量电阻率。

6.6.1 电容原理

电容耦合依赖于交流电通过电容器的能力（图6.13）。在电容耦合电阻率（CCR）中，电缆或金属薄片形成电容器的一个极板，而接地则为另一层极板。

在CCR测量中，传统电法测量中的电极被从地面上移除并与之绝缘。然后，如果连接电源，则电流流动的前提是：在电流电极上的电荷产生的电位与电源产生的电位互为相反数。系统以这种方式存储电荷的能力称为其电容，以法拉为单位。

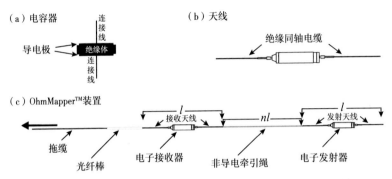

（a）简单的平行板电容器，能够储存电荷，并让交流电通过；（b）OhmMapper™ 的天线（由绝缘同轴电缆组成）和电子吊舱；（c）完成OhmMapper™ 组装

图6.13 电容耦合电阻率（CCR）工作原理图

电流电极，即使与地面绝缘，也是带电的，这一事实意味着存在一个电场，可以使地面上的带电粒子运动。这种电流也将是短暂的，只持续到绝对值相等、符号相反的反向电位建立为止。然而，如果电源极性被逆转，就会出现电荷的反向流动，直到建立新的平衡。因此，即使有绝缘体存在，频率足够高的交流电压也会使交流电在地面上流动。这就是电容耦合。在地面中的电流也会耦合到接收天线，并提供信号。

6.6.2 仪器

Geometrics OhmMapper™（图6.14）可能是应用最广泛的CCR仪器，可以用来说明基本工作原理。一个16.5kHz交流电提供给偶极子天线，该天线在标准配置下，由2m、5m、10m或20m长的电缆组成。在第二根类似的天线上接收信号，该天线被牵引在第一根天线之前，并通过不导电的连接与其隔离。这个连接通常是偶极子长度的整数倍，因此系统在几何上类似于偶极子—偶极子阵列。

图6.14　拖拽OhmMapper™（照片由Geometrics公司提供）

在实际生产中，偶极子—偶极子系统是CCR测量的行业标准。无屏蔽导线上的每一点都有助于耦合，必须将电流限制在天线上。采用发射机和接收机的电路和电源都封装在位于各自天线中点的机舱内的偶极子—偶极子结构中，才能将收发耦合降至最低。目标区域的信号，通过位于天线附近的接收电子设备来采集。它利用的不是电流，而是采用光纤电缆（"光棒"）中的光脉冲传输到数据记录器。

测量是在固定的时间间隔内进行的，绑在操作员皮带上的数据记录器会对电缆产生张力。记录器的显示器可以显示电阻率剖面的进展，也可以显示前面的几个剖面。为了确保数据的有效性，需要关注第1.3.3节中讨论的关于所有"连续"测量的注意事项。即使被拖在汽车后面，速度也应保持在5km/h以下。

6.6.3 CCR参数

将电阻测量值转换为直流电偶极子—偶极子阵列视电阻率的系数如图6.2e所示。CCR线源测量的等效量有很大不同，几何引用如下：

$$K = \frac{\pi l}{\ln\left\{\left[\dfrac{b^2}{b^2-1}\right]^{2b}\left[\dfrac{b^2+2b}{(b+1)^2}\right]^{b+2}\left[\dfrac{b^2-2b}{(b-1)^2}\right]^{(b-2)}\right\}}$$

其中，l 是偶极子长度，$b = 2(n+1)$，ln表示取以e为底的对数。

OhmMapper^{TM}只测量电场，忽略了磁场，相当于假设趋肤深度（第5.2.5节）大于收发间距。在16.5kHz频率下，这意味着该间距在数值上应该小于电阻率平方根的4倍。这样，电磁效应可以忽略不计，视电阻率应与电学上的电阻率相当。但是，介电效应也会影响结果。比较永久冻土上的CCR和视电阻率表明，即使二者在未冻土上具有可比性，前者可能仅为后者的25%。这是因为永久冻土层是一种绝缘体，有效地增加了电容器"极板"之间的距离。在其他高电阻率的表面层上也能观察到类似的效应。

OhmMapper^{TM}只使用信号振幅，但是在接收和发射天线中循环的电流之间通常也会有相位差，这些可以提供额外的有用信息。

电流测量的深度主要由阵列的总长度L决定，CCR测量也是如此。粗略的经验法则是，如果$n \geq 3$，那么调查深度等于$L/5$；但是如果$n=2$，穿透深度下降到$L/5.7$；对于$n=1$，穿透深度仅等于$L/7.2$。在OhmMapper^{TM}的频率和间距特性上，通常也会有一趋肤深度限制的因素。

虽然在手工拖曳测量中，读数之间的间隔非常小，但这并不能提供相当高的分辨率，因为这是由天线长度和距离决定的。

6.6.4 电容耦合的优缺点

电容耦合电阻率测量能够非常快速地获得电阻率数据，即使是在难以或不可能通过电极与地面接触的地区也是如此。导线测量可以在不同的天线间距下重复进行，商业上可用的反演程序允许利用多间距数据构造电阻率剖面。然而，与所有的地球物理方法一样，也存在一些实际和理论上的问题。

只有当地面与天线之间的耦合保持合理的恒定时，CCR的结果才会可靠，因此地表不规则的变化是一种噪声源。这些都可以通过对天线加权使之最小化，但明显的缺点是只有一个人操作。除了最平坦的地形，在任何地方拖动系统都需要费很大劲，特别是在上坡时。

外部电磁噪声源会影响数据质量。然而，信号频率位于一个很窄的频带内，而诸如输电线或大地电流等噪声源对CCR的影响实际上小于电流系统。它们都受到平行于测量线的长线性导体的不利影响。

7

自然电位法和
激发极化法

自然的、单向电流在地下流动并产生电压（自然电位，或 SP）异常，其异常值可达数百毫伏。它们在大规模硫化物的勘探以及一些工程和环境工作中有应用。

在地下流动的人工电流会使岩体的某些部分发生电极化。这一过程类似于给电容器或汽车电池充电，同时涉及电容效应和电化学效应。如果电流突然停止，极化单元会在几秒钟内放电，产生电流、电压和磁场，这些都可以在表面探测到。浸染硫化物矿物可以产生这种类型的巨大效应，因此，激发极化（IP）技术在基本金属勘探中得到了广泛的应用。其电极阵列与常规电阻率工作中使用的阵列相似。梯度和偶极子—偶极子阵列特别受欢迎（分别用于勘察和详细的工作），因为其电流电缆和电压电缆的距离可以足够远，以尽量减少电磁感应噪声（串扰）。生产中也在使用一些独特的系统，如单极子—偶极子阵列。

7.1　自然电位法勘探

自然电位（SP）法勘探由于成本低、简便易行，曾一度在矿产勘查中得到广泛应用。由于某些容易被其他电法探测到的近地表矿体不产生SP异常，因此目前很少使用这种方法。与此相反，自然电位法在围护结构渗水通道检测中的应用日益广泛。

7.1.1　自然电位的起源

在铝矾石风化成硫酸的地方，可观察到高达1.8V的自然电位，但硫化物矿体和石墨产生的负异常一般小于500mV。导体应该是从地表附近的氧化区延伸到地下水位以下的还原环境，从而为氧化还原电流提供低电阻路径（图7.1）。

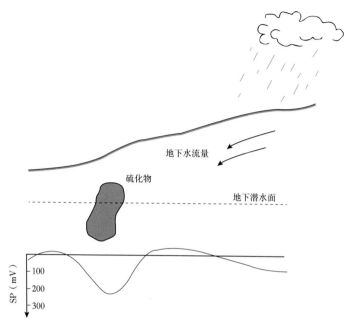

图7.1 自然电位（SP）效应来源图

横跨地下潜水面的硫化物集中了氧化还原电流的流动，在地表产生了负异常；
降雨后地下水向坡下流动产生一个临时SP，它与地形呈负相关

　　微小的电位很少超过100mV，通常非常小，可能伴随有地下水流动和渗水。极性取决于岩石成分、孔隙水中离子的流动性和化学性质，但通常地下水流向的区域比水源区域的正电性更强。这些涌动电势有时在水文地质和检漏中有用，但在大雨后一周内，可能使矿产勘探中的SP勘探无法有效开展工作。

　　蒸汽或热水的流动可以解释大多数与地热系统有关的自然电位，但温差直接产生很小的（<10mV）电压，可能是正的，也可能是负的。地热SP异常往往很宽（可能有几千米宽），振幅小于

100mV，因此需要非常高的精度。

第9章讨论了磁场电离层成分的变化和雷暴在地球上引起的小交流电。在SP测量中，直流电压表只能检测到相关电压的长周期分量，很少达到5mV以上。在非常偶然的情况下，如果这种电压很显著，应该在一天中的不同时间重复测量，以便得到平均的结果。

7.1.2 自然电位测量

用于自然电位测量工作的电压表必须具有毫伏的灵敏度和很高的阻抗，这样从地面抽取的电流就可以忽略不计。通常使用铜/硫酸铜"罐式"电极（参见第6.2.2节），通过一定长度的绝缘铜线与测量表连接。

SP测量可以通过两个间距很小的电极来测量平均电场梯度，通常为5m或10m。如果电缆是有限的，这种方法是有用的，但误差往往会积累，覆盖工作进展缓慢，因为电压表和两个电极每次读数前必须移动。更常见的是，电压是相对于一个固定的基础来测量的。一个电极和仪表保持在这一点不动，只移动第二个电极。如果电缆快用完了，或者距离太远，无法方便地通信，就必须建立子基站。如果准确地知道主基站和子基站之间的电位差，则从基站和子基站测量的电压可以相互关联。

图7.2显示了如何建立辅助基站。电缆几乎完全延伸到B点，但仍有可能使用A点的原始基站获得下一个C点上的读取值。当A点和B点、C点之间的差异测量好后，电场电极留在C点，基站电极移动到B点。A点和B点之间的电位差由此可以通过直接测量估计得到，或者通过从直接测量的A点到C点之间的电压减去B点到C点之间的电压得到。平均差可以加到以B点为基站得到的值上，得到相对于A点的值。

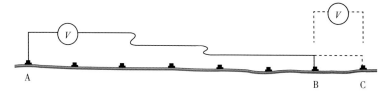

图7.2 在SP测量中移动基站示意图

在新基站（B点）处测量得到的与A点有关的值可以直接测量，或通过在C点处
测量与相对于两个基站的电压来间接得到

7.1.3 误差和预防措施

如果一个基站/子基站差的两个估计值相差超过3mV，应停止工作，直到确定原因为止。通常会发现硫酸铜溶液要么泄漏了，要么变得不够饱和。电极应该每隔两到三个小时检查一次，检查时要把它们放在相隔几厘米的地面上。电压差不应超过1mV或2mV。

在大型测量中，误差的累积可以通过在每个电压之和为零的闭合和互连回路中做一些工作来使其最小化（参见第1.6.3节）。

7.2 极化基础

激发极化（IP）方法可能是矿物勘探中所有地球物理勘探方法中最流行的一种，也是唯一一种用于低品位浸染矿化反应的方法。目前有两种主要的但不完全了解的岩石极化机理和三种主要的方法，这些方法中可以测量极化效应。从理论上讲，不同的方法得到的结果是相同的，但在实际应用中是存在差异的。

7.2.1 薄膜极化

黏土表面和其他一些铂或纤维状矿物带负电荷，并在小孔隙空间的岩石中引起膜极化。这种岩石中的地层水中的正离子在孔隙壁附近聚集，形成电双层。如果施加电场，正离子云被扭曲，负离子进入并被困住，于是产生阻碍电流的浓度梯度。当去掉施加的电场后，反向电流开始流动以恢复原始的平衡。

7.2.2　电极极化

　　第6.2.2节讨论了金属导体和电解质之间存在的静态接触电位。电流流过时会产生额外的过电压。这种电极极化不仅发生在人造电极上，而且发生在电子导电矿物颗粒与地下水接触的地方。极化程度由存在的导体的表面积而不是体积决定，因此极化方法非常适合于在浸染的斑岩矿石中勘探硫化物。由于周围散布的晕圈，强烈的异常通常也与大规模的硫化物矿化有关。

　　对于活性表面的等效区域，虽然电极极化机制更强，但是黏土比硫化物更丰富，并且大多数观察到的激发极化（IP）效应是由于膜极化引起的。离子浓度的变化（例如盐度水平）影响着两种类型的极化。非离子流体（例如油污染）也可以改变极化行为。

7.2.3　可充电地面中的方波

　　当大地中流动的稳定电流突然终止时，任何两个接地电极之间的电压 V_o 突然下降到很弱的极化电压 V_p，然后渐渐地下降到0。类似地，当电流施加到地面时，测得的电压首先迅速上升，然后逐渐地接近 V_o（图7.3）。虽然理论上从来不会达到 V_o，但实际上这种差异在大约一秒钟后就检测不到了。

　　可充电性被正式定义为在单位电流通电的单位立方体上形成的极化电压，因此在某种程度上类似于磁化率。根据图7.3中所示的方波，整个岩体的表观带电性被定义为 V_p 与 V_o 的比率。这是一个纯数字，但为了避免非常小的值，通常乘以1000，并以毫伏每伏特为单位。

　　V_p/V_o 无法直接测量，因为电磁瞬态在原始电流停止流动后的前十分之一秒内占主导地位。关于时域充电能力的较为适用的定义，从特定延迟时的衰减电压方面讲只是与理论定义有关。不仅不同的仪器使用不同的延迟，这在最初也是必不可少的，并且使用积分电路而不是瞬时电压测量衰减曲线下的面积仍然很常见。结果取决于积分周期的长度以及延迟，并以毫秒为单位。

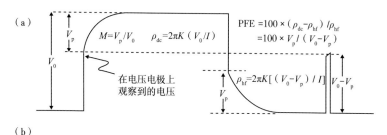

（a）当阵列几何因子为 K（参见第6.1.1节）时，对等振幅方波和尖脉冲电流的大地响应；伏特电压 V_p（本文讨论）很少超过稳态测量电压 V_o 的一小部分；如果电流被引入后不久就终止了，就像高频交流方波的任何半周期一样，测量的电压几乎不高于 $V_o - V_p$；在当前电极处引入的稳态和脉冲电流如（b）所示

图7.3 电极极化示意图

7.2.4 频率效应

图7.3还表明，如果电流在接通后立即终止，计算出的视电阻率 ρ_{hf} 较低，它等于 $2\pi(V_o - V_p)/I$ 乘以阵列几何因子。IP频率效应定义为高频电阻率与直流电阻率之差除以高频值。将其乘以100，以得到一个容易处理的整数，即百分比频率效应（PFE）。PFE与荷电率之间的理论关系由下式给出：

$$M = PFE/(100 + PFE)$$

图7.3阐明了该式的推导过程。

因为电磁瞬变，测量不到理论的PFE，实际的测量值依赖于使用的频率。为了消除陆上的和自然电位噪声，直流电测量是在电流反向的情况下进行的，间隔为几秒，而高频通常保持在10Hz以下，以尽量减小电磁感应。

7.2.5 金属因子

将PFE除以直流电阻率得到的值，乘以1000或2000又或2000π，得到一个称之为金属因子的方便使用的尺寸。金属因子强调岩体既可极化又具有导电性，因此可以推测岩石中含有大量硫化物（或石墨）。虽然这在寻找大规模硫化物时可能有用，但低电阻率无关紧要，而且在勘探浸染矿床时可能会产生误导。就像通常一样，当将应该单独考虑的因素结合在一起时，结果是混乱而不是更加清晰。

7.2.6 相位

图7.3的方波电流可以通过傅里叶变换分解为不同振幅和频率的正弦分量（参见第5.2.4节），电压曲线的不对称性意味着施加的电流与被测电压之间存在频率相关的相移。在频谱IP测量中，这些位移是在一定频率范围内以毫弧度为单位测量的。

7.3 时间域中的激发极化勘探

要产生可测量的 IP效应，需要较大的一次电压。电流电极可以是普通的金属桩，但必须要用非极化电极用于检测几毫伏的瞬态信号。

7.3.1 时域发射器

时域发射机需要电源，电源可以是大型电动发电机或可充电电池。电压等级通常可在100~500V之间选择。若要计算表观电阻率或荷电率，必须要记录能够通过电流限制器控制的电流水平。

电流方向是交替的，以尽量减少自然电压的影响，周期时间一般可以从2~16s不等。要获得可靠的结果，1s的极化和读数时间通常是不够的，而超过8s的循环时间则会无端地延长测量时间。

7.3.2　时域接收器

一个时域接收器可以测量初级电压和一个或多个衰减电压或集成。还可以记录SP，以便将荷电率、电阻率和SP数据收集在一起。早期纽蒙特（Newmont）接收器在电流终止后0.45~1.1s。首先手动平衡SP，然后通过调整放大器控制使一次电压正常化，直到电流计指针在规定限值之间摆动。这会自动将第二根指针记录的M（极化率）值的V_p定为V_0。经验丰富的操作人员从指针移动速率中获得了衰减曲线形状的"感觉"，并且经常能够识别电磁瞬变，这些瞬变在电压采样所用的周期内一直持续。

现在带键盘和显示屏的仪器已经取代了带刻度盘的仪器，但使用纯数字仪器时，从移动的指针中得到的诊断信息丢失了，必须观察足够的周期数，以在统计学意义上降低噪声的影响。数字系统可以允许记录更多的参数，并使用相当于瞬时读数的非常短的积分周期。天然的SP现在可以自动补偿（后退或退出）而不是手动补偿，存储电路可以存储数据并使需要手工记录的工作最小化。

在时间域IP调查中，必须手动将发射器的循环周期信息输入接收器，以便在不使用参考电缆（有可能携带感应噪声）的情况下锁定发射器。也可以使用GPS定时信号实现同步（见第15.2.5节）。循环时间一般为4s、8s或16s。即使是在类似的延迟时间内，改变循环时间也会产生明显的视荷电率差异，不同仪器记录的荷电率之间的联系比较模糊。

7.3.3　衰减曲线分析

通过在几个不同的延迟时间内读取读数，可以尝试进行曲线分析。首先建议的是一种用于Huntec接收器的方法，假设每个衰减曲线是两个指数衰减的组合，它们分别对应于电极和膜极性，可以从数学上进行分离。这对实际物理过程来说过于简化了，而且这种使用有限数量的读数将两个叠加在一起的指数函数进行的分离，在任何情况下，即使存在少量的噪声，也几乎不可能实现。尽管如此，对衰变曲线形状的控制研究仍在继续，在感兴趣的异常区域，应在尽可能多的延迟时间中记录荷电率。在非异常区域，通常只需一个值即可。

7.4 频域勘探

非常小的电流和电压可用于电阻率测量，因此频域发射器比时域发射器更轻、更便携。在定位电缆时必须特别小心，以尽量减少电磁耦合。当增加偶极子内部或偶极子之间的间距、增加频率和导电覆盖层时，就会增加耦合。不幸的是，现场工作人员对这一重要因素的控制可能非常有限（尽管有时沼泽地可以避免此情况），而且如果正在寻找深层目标，还必须使用大电极间距。

7.4.1 频域发射机

方波在频域和时间域的工作中都是经常用到的，大多数现代IP发射机都可以用于这两种工作方式。在单独的操作中测量两个频率下的电阻率非常耗时且不允许精确地消除随机噪声，因此复杂的波形就被用来有效地同时读取两个不同频率下的读数。如果接收器能够分析电压波形以提取高频效应，则可以使用简单的方波。

7.4.2 频率/相位接收器

要分析波形并从单频或双频传输中提取频率效应，就需要复杂的接收器，但这种复杂度对于仅从前面板显示器记录PFE的操作员来说通常不明显。

为了测量多频（频谱）IP测量中的相位差，发射机和接收机的共同时间基准至关重要。参考电缆从操作层面看不方便，而且可能会增加电感耦合，因此，在一天的工作开始时可以用同步晶体时钟来避免这个问题。由于良好的设计，它们在24h内的漂移不超过1ms，但现在普遍倾向于使用GPS信号进行连续时间基准校正。

7.4.3　相位测量

典型的频谱激发极化（IP）如图7.4所示。最大相移发生的频率取决于晶粒尺寸，对于细粒导体来说，这一频率更高。波峰越尖，粒径越均匀。大多数区分不同类型IP源的尝试现在都是基于对这些频谱曲线的分析，因为晶粒尺度可能与矿物类型相关。然而，勘探计划很快就达到了这样一个地步，即对IP曲线进行进一步的理论分析还不如钻几个孔有效。

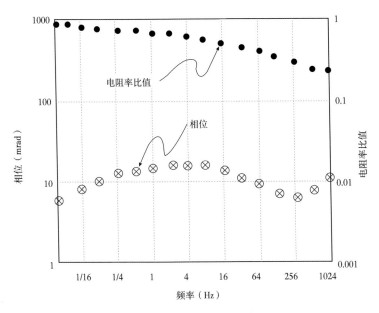

图7.4　激发极化（IP）相位和振幅与频率的典型曲线图

在高频时，相移的增加是由电磁耦合引起的。简单的去耦计算涉及对三个不同频率的读数，并假定相移和频率之间存在二次关系（即 $\varphi = A + Bf + Cf^2$）。这三个读数使得这个方程可以解出 A，即零频率相移值。在大多数测量点上，只有 A 的值才值得记录，但在明显异常的点上，可能需要存储使用三个以上基本频率得到的整个相位谱，以便进一步处理。

7.4.4 时域和频域方法比较

极化和电流之间的关系不是精确的线性关系。这不仅限制了时间、频率和相位测量之间相互关联的程度，而且也影响同一类型不同测量结果之间的比较。这些影响一般非常小，但为大多数激发极化解释提供了又一个原因。

时间域和频域 IP 的相对优点一直争论不休，尤其是互为竞争对手的仪器制造商。时间域测量本质上是多频率的，其衰减曲线的形状提供的信息与在频域或相位工作中几个不同频率下测量得到的信息相同。此外，人们普遍承认，PFE 和相移比时域荷电性更容易受到电磁干扰，如果要计算的校正系数需要额外的时间，并需要更复杂的仪器，那还需要额外的读数。然而，频域测量需要更小的电流和电压，考虑到安全性及便携性，这种方法常称为人们的首选。但最终选择哪一种方法通常取决于个人偏好和仪器可用性。

7.5 激发极化数据

显示激发极化数据的方法因阵列组合方式而异。剖面图或等值线图用于梯度阵列，而偶极子—偶极子和单极子—偶极子数据几乎总是以伪剖面表示。在所有的测量中，电压电极之间的间距不应超过感兴趣的最小目标的宽度太多。

7.5.1   梯度阵列数据

在使用梯度阵列研究的中心区域，电流路径大致是水平的，带电体将被水平极化。结合使用第3.5.2节的技术得到的近似深度，可以用类似于解释磁性数据的方法来解释剖面。

7.5.2   偶极子—偶极子阵列数据

在常数n不变的情况下，偶极子—偶极子阵列测量导线可用于构造剖面，但多间隔的结果几乎总是显示为伪剖面（图7.5）。与温纳阵列相比，偶极子—偶极子阵列在伪剖面上的所有高点位置与所有源体位置之间的关系不那么简单（参见第6.5.1节）。特别是，非常常见的"裤腿"异常（图7.5）通常是由一个深度很小的近地表物体产生的，因为每一次在物体附近用电流或电压偶极子进行的测量都会记录高荷电率。因此，异常形状很大程度上取决于电极位置，而视倾角的方向不一定是充电体的倾角方向。即使是定性的解释也需要大量的经验以及对模型研究的熟悉程度。

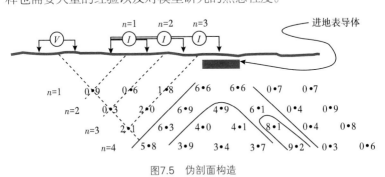

图7.5   伪剖面构造

电流偶极子的三个不同位置对应于基本间距的三个不同倍数；测量值〔激发极化（IP）或电阻率〕绘制在过偶极中心呈45°倾斜线的交点处；标出的"黑点"表示了IP取值的位置，通常是小数点的两倍大；所示的"裤腿"异常是由小型浅体产生的典型异常

即使在崎岖的地形中，伪剖面几乎总是参照水平基线绘制的。参考地形剖面（使用类似于图7.5的施工线，但与实际地面成45°）

有其危险性，因为这可能意味着与实际存在的电阻率和荷电率的真实地下分布的相关性比事实上的更为密切。然而，陡坡和不同坡度确实会影响偶极子—偶极子阵列的结果，可以说，把它们显示出来比忽略它们更好。

7.5.3 负激发极化和屏蔽

负激发极化效应可由输电线或电话电缆引起，或如信号贡献剖面（参见图6.5）所示，由横向不均匀性引起。分层也可产生负值，并且可以隐藏较深的异常源，如果表面层和目标层比中间的岩石更具传导性，则更容易隐藏异常源。在这种情况下实现的穿透能力可能非常小，阵列总长度可能需要达到所需勘探深度的10倍或更多。

地球上的导体和电荷之间的相互作用非常复杂，解释人员可能需要比偶极子—偶极子阵列提供的电阻率数据更可靠的电阻率数据，后者在定义分层方面表现不理想。特别是为了绘制电阻率图，将温纳阵列或斯伦贝谢阵列进行少量扩展是非常有价值的。此外，应注意任何可能与地表电导率变化相关的地表条件的变化。来自裸露的岩石山脊和邻近的沼泽地下面的矿体的响应是大不相同的。

8

电磁法

电磁（EM）感应虽然在电阻率和IP测量中是噪声源（第6章和第7章），但也是许多地球物理方法的基础。它们最初主要用于寻找导电的硫化物矿石，但现在越来越多地用于深度探测和区域地质填图。由于在导电性较差的环境中，小的导电体对感应的影响大于对"直流"电阻率的影响，而且对类似大小和形状的导体的响应与电导率成正比，因此对电磁法的讨论往往集中在电导率（σ），即电阻率的倒数上，而不是电阻率本身。

有两种限制情况。一方面是，在嵌入绝缘体的小导电体中产生的感应涡流形成分散的异常，从而提供有关物体位置和电导率信息。另一方面，水平层状介质中水平电流在表面产生的效应可以用表观电导率来解释。大多数实际情况都涉及分层和离散导体的组合，这对解释人员提出了更高的要求，有时也对现场工作人员提出了更高的要求。

波效应仅在频率高约10kHz 时才是重要的，而对于导体中的电流变化和空间中的磁场变化，这种方法最容易理解。当感应主磁场的变化是由导线或线圈中的正弦交流电流产生时，这种方法被称为连续波电磁（CWEM）法。在瞬变电磁（TEM）法中，感应是由电流突然终止引起的。

8.1　双线圈连续波系统

载流导线由圆形同心磁场线包围。将导线弯曲成一个小回路，产生一个磁偶极子场（图1.5），可以通过交流电改变磁场。这种变化的磁场导致电流流入附近的导体（参见第5.2.1节）。

8.1.1 系统描述

在连续波（CW）测量和瞬变电磁法（TEM）测量中，信号源（通常）和接收器（几乎总是）都是导线回路或线圈。小线圈源产生偶极磁场，其强度和方向如第1.2.5节所述。异常振幅取决于线圈磁矩，它与线圈的匝数、线圈面积和循环电流成比例。异常形状取决于系统几何结构以及导体的性质。

根据线圈所在的平面，线圈被描述为水平的或垂直的。"水平"线圈有垂直轴，也可称为垂直偶极子。这些系统的特征还包括，接收线圈和发射器线圈是正交的（彼此成直角）、共面的或是共轴的，以及它们之间的耦合是最大的、最小的还是可变的（图8.1）。

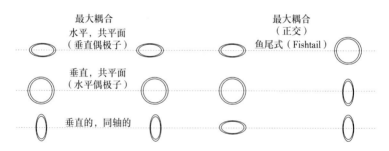

图8.1 电磁测量用的线圈系统

共面和同轴线圈是最大耦合的，因为发射器的主要磁通量沿着接收线圈的轴线起作用。最大耦合系统只受共面或共轴之间存在的小偏差的轻微影响，但由于即使在没有导体的情况下也能检测到强烈的同相场，因此它们对线圈分离的变化非常敏感。正交线圈是最小耦合的，检测不到主磁场，接收和发送器分离过程中的微小变化对其影响不大，但即使它们之间存在轻微的夹角错位也会产生较大的误差。在磁场中，保持恒定的线圈间隔比保持恒定的相对方向更容易，这是人们喜欢使用最大耦合的一个原因。

　　在倾角系统中，使接收线圈旋转以确定复合磁场的倾角，这种系统曾经非常流行，但现在一般只限于在崎岖地形中使用的回弹仪。回弹接收机和发射机线圈是相同的，并与既能发射又能接收的电子装置相连。地形的影响通过测量和平均与第一个接收线圈的倾角来抵消，另一个线圈保持水平并用作发射器。

8.1.2　水平线圈法

　　大多数大地电磁系统使用水平共面线圈（"水平线圈"），通常使用屏蔽电缆将相位基准信号从发射器传输到接收器。两名操作员手持笨重的设备，通过绳索相连在一起，在崎岖不平的地面和厚厚的灌木丛中挣扎前进，在许多勘查中为人们提供了轻松的娱乐。很明显，有些仪器允许将参考电缆用于语音通信。幸运的是，还没有添加内存单元来记录会话。

　　瑞典术语"slingram"通常用于水平回路系统，但对于是否存在两个移动线圈，或它们是水平且共面的，或它们是否通过参考电缆连接等这些事实没有统一的约定，这使得该术语适用于这些情况。

8.1.3　响应函数

　　在水平线圈法（slingram）测量中，物体s的电磁响应与发送器和接收器线圈（分别由M_{ts}和M_{sr}表示）的互感（耦合）成正比，与限制涡流流动的自感（L）成反比。异常通常表示为主磁场的百分比，因此也与确定主磁场强度的发射机和接收机之间的电磁感应（M_{tr}）成反比。这四个参数可以组合在一个耦合系数$M_{ts} \cdot M_{sr}/(M_{tr} \cdot L)$中。

　　异常还取决于涉及频率、自感（常与物体的线性尺寸密切相关）和电阻的响应参数。响应曲线（图8.2）说明了使用固定频率系统时，同相和正交响应如何随不同电阻率目标变化，以及频率变化时，同相和正交响应如何随单个目标变化。正交场在低频区占主导地位，但在高频区却很小，在高频区良导体和弱导体之间的区别往往会消失。

大多数单频系统（第8.2节中讨论的那些用于电导率成图的系统除外）的工作频率低于1000Hz，甚至现在的标准多频系统的工作频率都低于5000Hz。尺寸较窄的不良导体可能只在最高频率下产生可测量的异常，或者根本不会产生异常。

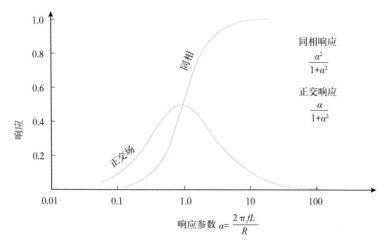

图8.2　水平回路电磁（EM）系统对垂直回路目标的响应

该响应也是响应参数（α）的函数；L为回路自感，R为电阻，f为频率；注意，频率刻度是对数；更复杂的目标对应的曲线具有相同的一般形式，因此，同相/正交比可以定性地用作传导率

8.1.4　水平线圈法的实用性

水平线圈测量中的线圈间距应该根据所需的穿透深度进行调整。因为与M_{ts}或M_{sr}相比，一次场耦合（M_{tr}）随着间距的增加减少得更多（图8.3），因此该间距越大，电磁感应有效穿透力越大。当探测深度小于趋肤深度（参见图5.5）时，Slingram系统能探测的最大深度通常被认为大约等于线圈间距的两倍，这里忽略了目标的尺

寸和导电性的影响，因此该估算可能过于乐观。

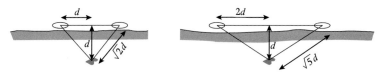

图8.3 间距和穿透概念示意图

当两个线圈分开时，它们之间距离的微小变化大于任一线圈和地下某深度处的导体之间的微小变化；因此，增加的距离提高了异常占原始场的百分比；在这个例子中，线圈间距最初等于导体深度的两倍，将线圈间距加倍，线圈到目标的距离仅增加约60%

因为Slingram测量中的信号是参照主要电磁场强度的，所以必须在每天开始工作时，通过在水平地面上的标准测量间距（被认为是无异常的）读取来验证100%能量水平。由于漂移是一个持续存在的问题，因此即使仪器对于允许的间距有固定的设置，也必须进行该检查。找到这样的一个地方可能是个大问题。

同时还必须检查主信号是否泄漏到正交通道（相位混合）。仪器手册描述了如何测试这种情况以及如何进行任何必要的调整。当然，接收器和发射器必须调到相同的频率，以便获得合理的读数。因为在接收器附近操作与其有相同频率的发射器会对前者造成严重损坏，因此需要谨慎行事。

图8.4显示了薄、陡、倾斜导体在水平环路系统中的异常。导体正上方的水平接收线圈没有检测到异常，因为这里的次级磁场是水平的。同样，当发送器线圈位于导体的垂直上方时，也不会出现异常，因为此时不会激发明显的涡流。当导体位于两个线圈中间时，会观察到最强（负）的二次磁场。耦合程度取决于目标的方位，并且应在预期走向上布置探测线。斜交点会产生难以解释的不清晰异常。

用移动式电子发射机和接收器线圈获取读数并绘制在中点处。这么做是合理的：因为在大多数情况下，相对线圈方向是固定的，

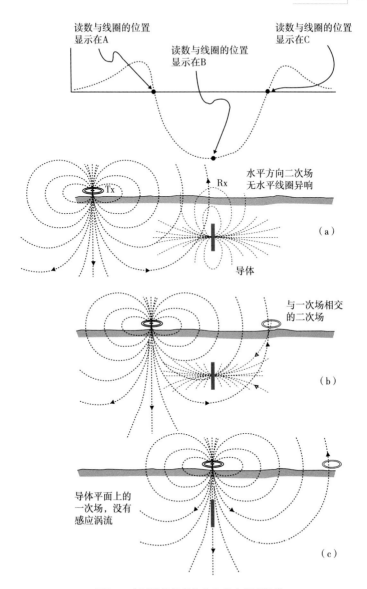

图8.4 穿过陡倾角导体片上的水平环异常

异常宽度在很大程度上取决于线圈间距，而不是目标宽度；在倾斜片上，
旁瓣和距离坐标轴之间的面积比在下倾侧更大

异常轮廓在对称体上是对称的，不受接收器和发送器互换的影响。即使这不完全正确，记录中点位置也比记录发送器或接收器线圈位置更不容易导致混淆。

在所有电磁工作中，必须注意记录可能影响结果的任何环境变化。这些包括明显存在的实际导体，也包括道路等地貌特征，人工导体通常埋在路边。输电线和电话线会产生特殊问题，因为它们会广播噪声，尽管基频不同，但谐波可能会通过抑制（陷波）滤波器。重要的是要检查抑制频率是否合适（即在美洲大多数地方为60Hz，而在几乎所有其他地方为50Hz）。

还应注意地面条件，因为覆盖层电导率的变化会严重影响异常形状和信号穿透力。在炎热干旱的国家，覆盖层的盐分会产生很高的表面传导率，导致CWEM失效，因此被TEM所取代。

8.1.5 线圈间距的影响

发送器和接收器之间耦合的变化会产生假同相异常。距离线圈 r 处的磁场可以用径向分量 $F(r)$ 和切向分量 $F(t)$ 来描述，如图8.5所示。振幅系数 A 取决于线圈尺寸和电流强度。

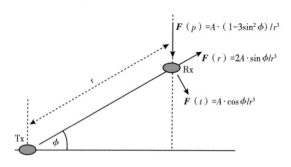

图8.5　由载流环（Tx）作为磁偶极子源产生的场分量

A 是一个依赖于线圈力矩和电流强度的常数，$F(r)$ 和 $F(t)$ 分别是径向分量和切向分量；水平接收线圈（Rx）测量得到的"主"场 $F(p)$ 是通过添加每个垂直分量获得的对于共面线圈，$F(r)$ 为零，因为 ϕ 为零，测量场 F 等于 $F(t)$。偶极源的立方体反比定律意味着，如果线圈间距实际上是 $r(1+\varepsilon)$，那么：

$$F = F_0/(1+\varepsilon)^3$$

式中，F_0 是指定间距处的场强。

如果 ε 很小，上式可写为

$$F = F_0(1-3\varepsilon)$$

因此，对于小误差，同相分量中的误差百分比是距离误差百分比的三倍。由于只有几个百分点的真正异常才是重要的，线圈间距必须保持恒定。

8.1.6　斜坡测量

在斜坡上，测量标桩之间的距离可以水平测量（割线链）或沿斜坡测量（图8.6）。如果在相当平缓的地形中使用斜坡距离，线圈间隔应该是恒定的，但是如果没有清晰的视线，很难使线圈保持共面，此时使它们保持水平会更容易些。沿接收轴的场 $F(p)$ 等于该间距的共面场（图8.5中的 r）乘以（$1-3\sin^2\phi$），其中，ϕ 是倾角（参

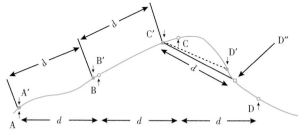

图8.6　割线链和斜坡链

向下箭头和闭合圆表示沿斜坡测量的以间隔量 d（单位为米）分隔的站点位置；向上箭头和开放圆圈表示水平间隔 d（单位为米）的交叉站的位置；在C和D之间，地形"波长"小于站间距和CD的直线间隔。从C′到D′的直线距离小于"沿斜坡"的距离 d，从C′测得的"正确"坡度位置位于D″

见图8.5）。系数（$1-3\sin^2\phi$）始终小于1（当共面时线圈实际上是最大耦合的），并且当斜率为35°时，校正因子$1/(1-3\sin^2\phi)$变为无穷大，因为此时主场是水平的（参见图1.5）。

如果使用正割链，线圈之间沿斜面的距离与斜面角度的正割（$=1/\cos$）成比例。对于真正的共面线圈，"法向"与"坡度"场之比为$\cos^3\phi$，校正因子为$\sec^3\phi$。然而，如前所述，确保线圈实际上是共面的并不容易，而且通常是保持水平的。这种情况下的组合校正因子为$\sec^3\phi/(1-3\sin^2\phi)$（图8.7）。

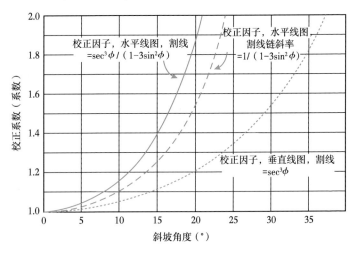

图8.7 校准用于共面模式的双线圈系统的斜率修正

读数应乘以适当的系数

如果线圈间距大于地形"波长"（图8.6），起伏地形中的间距可能不同于其标称值。在这些地区，精确的测量至关重要，野外工作人员可能需要携带每个站点所需的线圈倾斜列表。结合倾斜计和通信电路的仪器实际上是必不可少的，但即便如此，误差仍然是令人沮丧的普遍现象，噪声水平往往很高。一个更简单的选择是使用垂直共面配置，它不依赖于水平参考，但穿透力减少，可用的解释材料较少。此外，并非所有的系统都能以这种方式使用。

8.1.7　应用修正量

对于任何耦合误差，无论是由距离或倾斜引起的，在不存在导体的情况下观测到的同相场均可以表示为最大耦合场F_0的百分比。

由于非最大耦合而计算为F_0的92%的场，可以通过添加8%或将实际读数乘以100/92转换为100%。如果获得的读数实际为92%，这两个操作将产生100%的识别结果。但是，如果存在重叠的二次场（例如，如果实际读数为80%），则叠加仅能校正主场值（将80%转换为88%，并指示存在12%的异常）。乘法也会对二次场进行校正，并显示13%的异常。两种方法都不是真正"正确的"，但适用于图8.3所示的原理，即导体越深，由距离引起的误差对二次场的影响越小。由于任何能被探测到的导体都很可能在地表附近，所以乘法校正通常更令人满意，但在大多数情况下，这种差异是微不足道的。

如果仅观察正交场，耦合误差会导致较少的问题，因为根据定义，它们是异常的（尽管如图8.2所示，它们对于良导体和不良导体来说可能很小）。对于小目标，可以使用同相乘法器进行粗略的校正，但在野外进行这种校正几乎没有意义。幸运的是，如果现场注释准确地描述了系统配置和地形，那么发送器、接收器和第三个导体之间的耦合变化所导致的详细问题可以留给解释人员。

8.2　CWEM电导率成图

如果感应数（它的值等于发送器—接收器间距除以趋肤深度）明显小于1，则可以使用Slingram型系统在区域内操作，进行快速导电率成图，其中，同相响应可以忽略但有正交信号（朝着图8.2中图的左侧）。

8.2.1 地面电导率测量

低感应数意味着低电导率或低频率，或二者兼而有之。在这些条件下（暂且不管线圈的方向），感应电流较小、相移约90°的主信号，在均匀或水平层状地面水平地流动。在任一深度上，它的大小取决于该深度的导电性和自然衰减，而不是任何其他深度的电流。同相（一次）磁场和正交（二次）磁场的比值与传统定义的地面视电阻率近似成正比。

图8.8显示了低感应数下平面水平和平面垂直线圈系统的电流随深度的变化情况（稍微令人困惑的是，专门为电导率测绘设计的仪器的主要制造商 Geonics 专注于偶极方向，而不是线圈方向，将水平线圈描述为垂直偶极子）。用垂直共面线圈观察到的响应，以及由此得出的表观电导率估计值，主要是由表层决定的，这是选择使用水平线圈配置进行替换的一个很好的理由。然而，二次磁场矢量的方向使得垂直线圈对线圈错位的敏感度低于水平线圈，并且使大线圈保持垂直并放在地上的做法更容易。此外，当使用垂直线圈时，低感应数近似值的范围更广（见下文图8.11）。

不同水平高度中的电流流动的独立性意味着图8.8的曲线（严格来说是针对均匀介质）可用于计算层状介质的理论视电阻率。利用这一原理，可以在一定程度上通过在零导电性空气"层"内升高或降低线圈来研究分层。原则上，也可以使用一个频率范围来研究它，但范围必须非常宽，但低感应数条件有时无法满足。对于深度测量，最好采用固有宽带的方法，如TEM（见下文第8.4节）或CSAMT/MT（见下文第9.2节）。

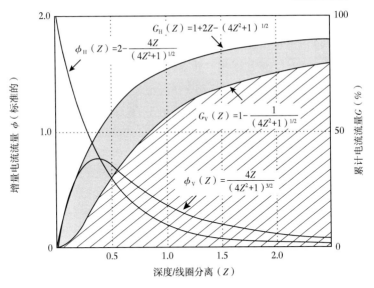

图8.8 均匀地层中感应电流随深度的变化示意图

适用于低感应数的共面线圈系统；"填充"曲线表示表面与深度平面之间的区域内的总
电流，作为总电流的一部分；增量曲线归一化；下标V和H表示水平和垂直的偶极子，
遵循EM31和EM34中使用的Geonics术语

8.2.2 仪表

Geonics EM31（图8.9）是一个共面线圈仪器的例子，在一些有生命危险的特殊地点，可由一名操作员获得视电阻率的快速估计。也可以检测人工导体，如埋在地下的卷筒和电缆。该仪器设计成与线圈水平使用，在较低的感应数下，其穿透深度约为6m，探测半径约为3m，线圈间距固定为3.7m。这与总长度为20~30m的具有类似穿透力的温纳阵列相比非常有利（参见第6.1.3节）。测量也可以使用垂直的线圈进行（虽然不容易），但其穿透力减半。EM31-SH是一种更短、机动性更好的型号，只有2m长，能提供更好的分辨率，但只有约4m的穿透能力。

EM31的两个版本都在9.8kHz情况下工作。更强大的两人操作的EM34-3使用的频率分别为0.4kHz、1.6kHz和6.4kHz，间距分别为40m、20m和10m。每次线圈间距减半时，频率会增加4倍，因此感应数保持不变。它使用同相信号监测线圈分离，并使用沿参考电缆发送的信号监测相位。水平线圈穿透深度为15m、30m和60m，垂直线圈穿透深度为7.5m、15m和30m，使用更方便但受表面影响更大。

图8.9　EM31在野外使用示意图

　　EM31和EM34-3都经过了校准，可直接读取以mS/m为单位的表观电导率。但是，这些值所基于的低感应数条件在实践中并不总是能够实现，因为会使用相对较高的频率来确保在大多数地表条件下都会有可测量的信号。图8.10是基于Geonics网站上提供的技术说明，展示了在EM31和EM34-3两种情况下，当电导率降低时，仪器指示的电导率是如何偏离均匀半空间的真实电导率的，并定义了在何种情况下电导率的偏差变得明显。指示的电导率总是低于真实的电导率，即指示的电阻率总是高于真实的电阻率。对于垂直偶极子（水平线圈）配置中的 EM34-3，在很高但完全可能的电导率为100mS/m（电阻率10Ω·m）情况下，偏差很大（即50%），并且已经变成灾难性的约 500mS/m（2Ω·m）。对于水平偶极（垂直线圈）配置中的 EM34-3和两种配置中的EM31来说，情况要好得多。这些曲线可用于校正均匀地面上获得的读数，原则上，也可用于校正层状地表上获得的读数。然而，视电阻率和视电导率的概念本身有些模糊，在大多数情况下，测量结果只能定性地使用（图8.11）。

对于EM31和EM34-3，图8.10也显示了选定的感应数值。这都说明了很难制定一个通用规则来控制近似值失效的感应值。

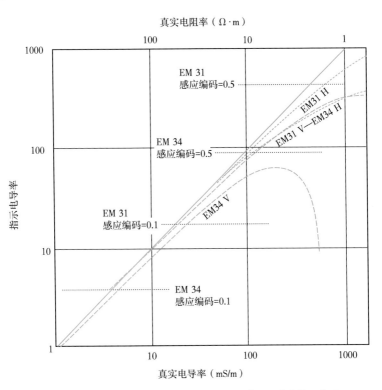

图8.10　仪器指示的电导率与均匀半空间的真实电导率转换示意图

基于Geonics技术说明6和说明8的EM34-3（所有间隔，虚线）和"长"EM31（点线）相对于真实接地电导率的标绘图；对于这两种仪器，当它们与水平偶极子一起使用时（H曲线，即垂直回路）与真实电导率的偏差较小，当它们与垂直偶极子一起时（V曲线，即水平回路）与真实电导率的偏差稍大；EM31的垂直偶极子曲线与EM34-3的水平偶极子曲线几乎重合。EM31-SH曲线没有显示出来，但偏差最小，因为在所有条件下，它的作用是EM31感应数的一半多一点；对数尺度往往掩盖了偏差的大小

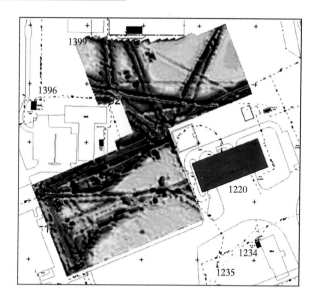

图8.11　详细的EM31电阻率测量结果

将结果绘制成阴影起伏图；这项调查的目的是在重新开发的场地中找到埋在
地下的管道和电缆；开发人员在勘测之前已经知道了接近一半的目标

8.3　定源方法

CWEM测量可以使用长电线并安装在固定的位置，而不是使用线圈作为源。这里有许多可能的系统形状，但一般原则保持不变。

8.3.1　毕奥—萨伐特（Biot‑Savart）定律

径直的载流导线产生的电场可以通过反复应用毕奥—萨伐特定律来计算（图8.12）。这种关系在形成矩形回路的四根导线上的应用如图8.13所示。如果测量点在回路外，不与回路的任何边相切的向量都是负值。

图8.4的Slingram异常是对称的，因为接收端和发射端线圈依次在异常体上移动。如果电源（无论是线圈还是直线）是固定的，因

此它不会通过导体，实际上只会产生一半的Slingram异常；也就是说，当水平接收线圈正好在其上方时，陡倾的物体的响应将为零，并且异常将是反对称的。固定源系统通常测量倾角或其切线，即垂直场与水平场的比值。

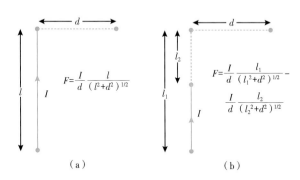

（a）Biot-Savart方程的基本图形，电流 I 在导线中流动，长度l、场（F）在距导线一端垂直距离d的偏移点处测量；（b）当从观测点到导线末端的线与导线不垂直时，应用Biot-Savart方程，这种效果与放置在两个位置上的导线相同，因此可以应用该方程，但其中（在本例中）有一个负电流（$-I$）

图8.12　Biot-Savart定律

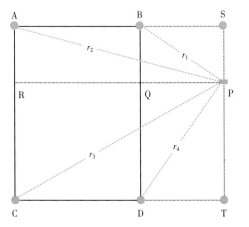

ABCD是发射机环路
P 是观察点
A_1是PQBS的区域
A_2是PRAS的区域
A_3是PRCT的区域
A_4是PQDT的区域
I 是回路中的电流

$$F=kI\left(\frac{r_1}{A_1}+\frac{r_2}{A_2}+\frac{r_3}{A_3}+\frac{r_4}{A_4}\right)$$

本例中r_1和r_4完全位于循环之外，因此必须考虑负号

图8.13　Biot-Savart定律在矩形回路中的应用

8.3.2　图拉姆（Turam）

在现在几乎已经过时的Turam（瑞典语，"双线圈"）方法中，固定扩展源产生的磁场记录在两个接收线圈上，线圈之间的距离为 10m。异常是通过计算减小的比率来评估的，该比率等于通过两个线圈的信号幅度的实际比率除以在非导电地形上已经观测到的正常比率。Turam方法还测量了两个线圈中电流的相位差，任何非零值都是异常的。该方法没有收发基准电缆，但是如果将尾线圈放置在前导线圈刚刚空出的位置上，每一次连续读数都可以计算出绝对相位和相对于单个基站的比值。这种方法现在很少用于CWEM测量，但在TEM工作中使用大量固定源是仍常见的（见下文第8.4节）。

固定源产生的场可以在很远的距离观测到，但此时电离层对信号传播的影响可能变得很明显，Biot-Savart定律不再适用。第9章讨论了可控源音频大地电磁测深（CSAMT）方法。

8.4　瞬变电磁法

瞬变电磁（TEM）系统通过对发射机电流终止后持续存在的瞬变磁场反复采样以提供多频数据。一种如图8.14所示的修正方波在发射电路中流动，在上升和下降的斜坡上都在地面上产生瞬变电磁波。本方法只使用下行坡道激发的电流，这是因为只有在没有主磁场的情况下才能观察到它们。理想情况下，上行坡道瞬变应该很小且衰减快，上行坡道通常为锥形以减少感应。相反，在下行斜坡上，电流会尽快终止，以使感应最大化。发射机的自感必须降至最低，因此单匝环路比多匝线圈更可取。

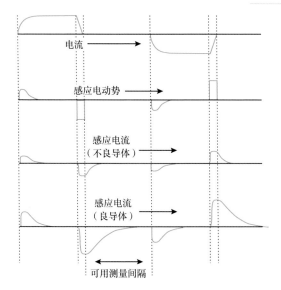

图8.14 瞬变电磁（TEM）发射和接收信号

8.4.1 TEM测量参数

测量二次场时，不存在原始场的系统可以使用非常高的功率，而TEM系统在上覆盖层电导率高、穿透深度受趋肤深度限制的地区很流行。瞬变电磁法调查可以使用"Slingram"线圈结构，但是，由于测量是在没有原始场存在的情况下进行的，所以也可以使用发射机回路（边长可能为100m或更长）来接收二次场。或者，可以在发射器回路中放置一个较小的接收器线圈，由于与原始场的强耦合，该技术只能在非常大的回路中用于CWEM测量。

大多数商业系统可以使用几种不同的循环配置，这些配置在便携性方面是不同的。大多数还可以适应多种采样模式。地质导体的衰减曲线往往符合幂律方程 $s = t^{-k}$，其中 s 为信号强度，t 为时间，k 为常数，在简单层状地球中取值在1.5~3.5范围内。良导体[如许多典型的未爆弹药（UXO）]和工程测量更适合用指数衰减曲线 $e^{-t/\tau}$ 来描述，τ 是一个常数，而与天然的电导体（例如硫化矿体）相关的曲线往往不符合任何简单的定律。来自电导体的信号会持续很长时间，采样策略必须考虑到这一事实。通常，样本将在20~40个离散时间之间收集，最大延迟有时超过100ms。采样点通常沿衰减曲线的对数间隔进行采样，因此在矿物勘探应用中，总数的四分之一将集中在前半毫秒采样。在工程、现场调查和UXO调查中，采样通常不会在电流终止后延长至10ms以上。通常在每个测量点的数千个周期内对信号进行平均。

UTEM™系统提供了另一种方法，在这种方法中，电流以精确的三角形波形和25~100Hz的频率在一个大的矩形回路中循环。在没有大地电导率的情况下，接收到的信号与磁场的时间导数成正比，属于方波。通过8个时间延迟采样，可以观察到垂直磁场和水平电场的偏离。

在矿产勘探中，瞬变电磁法（TEM）数据通常表示为单个延迟时间的剖面（图8.15）。短延迟的结果受体积大、相对较差的导体

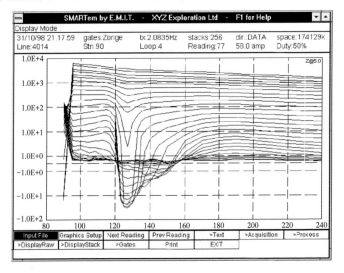

图8.15　瞬变电磁（TEM）系统剖面显示

该图显示了SMARTem调查的屏幕转储，该调查显示了约200m剖面，在中间延迟时间内有一个显性异常；每条曲线对应一个单一的延迟时间（门），水平轴是时间，垂直轴是信号强度

中的涡流控制。这些衰减很快就会消失，衰减曲线的后半部分是由目前存在的任何良导体中循环的电流控制的。

8.4.2 TEM测深

瞬变电磁法最初是为了克服CWEM方法在矿产勘探中的一些缺点而发展起来的，现在也被广泛用于测深。在均匀或水平分层的地面上，发射机回路电流的终止会在相邻的地面上产生类似的电流回路或电流环。然后，这个电流衰减，在稍微深一点的地方产生一个半径稍微大一点的电流环。因此，感应电流作为一个不断膨胀的"烟圈"通过地下表面（图8.16），随后的磁场由随深度增大而增大的电流（并因此由电阻率）决定。扩散深度可达数米，一段时间t之后等于$40\sqrt{(t/\sigma)}$，σ单位是S/m。探测的等效深度，通常通过除以$\sqrt{2}$得到，等于$28\sqrt{(t/\sigma)}$，单位是m。视电阻率（$\Omega\cdot$m）由下式给出：

$$\rho_\alpha = 6.322\times10^{-3}\left[\left(I\cdot A_{\text{Tx}}\cdot A_{\text{Rx}}\right)/V\right]^{2/3}\cdot t^{-5/3}$$

其中A_{Tx}和A_{Rx}分别为发射机和接收机回路的力矩（面积乘以线圈匝数），I为发射机电流（安培），V为接收机电压（伏特）。

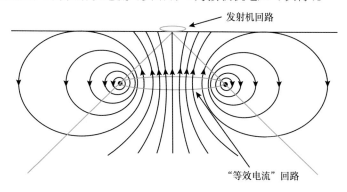

图8.16 层状介质中瞬变电磁（TEM）"膨胀烟圈"

等效电流环定义了发射机回路中电流终止后某一时刻的最大循环电流的位置；斜线定义了循环在其中展开的圆锥；箭头所在的线是与感应线圈相关的磁场线

用100m发射机回路进行的瞬变电磁测量已被用来估计几百米以下的电阻率，如果使用传统直流电方法，则需要数千米长的阵列。然而，深部穿透所必需的大环流毫无疑问很难处理，只能缓慢移动。深部穿透也可能需要只有发电机能够产生并且回路也能够承载的高达50A的电流。

如果存在局部的良导体，无论是埋在地下的油桶还是硫化物矿体，在这些导体中产生的涡流的影响将主导衰变曲线的后期部分，并可能阻止获得有效的测深数据。只要对发射机和接收机回路的位置进行相对较小的偏移调整，就可以解决这个问题。

8.4.3 TEM和CWEM

瞬变电磁方法和CWEM方法在理论上是等价的，但由于主要噪声源的不同，其优缺点也不尽相同。

CWEM测量中的噪声主要来自发射机和接收机线圈之间耦合的变化；因此，线圈之间的间距和相对方向必须保持恒定，如果这个条件无法满足，那就必须非常精确地测量。接收机电路也必须非常稳定，但即使如此，也很难确保初始的100%（对于同相信道）和0（对于正交信道）电平在一天之内不会显著漂移。一次场是所有这些形式噪声的最终来源，因此不能仅仅通过增加发射机功率来改善这种情况。另一方面，在瞬变电磁法测量中，由于接地导体引起的二次场是在没有一次场存在时测量的，因此耦合噪声可以忽略不计。此外，发射机电流的瞬时终止信号提供了一个定时参考，该定时参考本质上比正弦波的最大值或零点更易于使用。

瞬变电磁法测量中最重要的噪声源是外部的自然场的变化和人为场的变化。通过增加一次场的强度和N倍的重复来将信噪比提高$\sqrt{N}$倍（参见第1.5.7节），可以降低这些影响。然而，也有一些实际的限制。发射线圈的磁矩取决于电流强度和线圈面积，二者都不能无限地增大。特别是安全性和发电机功率，对可用电流的大小设置了相当严格的限制。多次重复在浅地表工作中不是一个问题，几乎所有的有用信息都包含在最初几毫秒的衰减曲线中，但深部工作很耗时，测量可能需要延长半秒的时间延迟。此外，必须调整重复率，以消除和弱化输电线的噪声（这是系统性的），重复次数必须足够才能达到这一目的。在100m以上的深度进行探测时，在某一点可能需要10多分钟才能获得满意的数据。当然，这与用温纳阵列或斯伦贝谢阵列获得类似深度的测深所需的时间相比，确实是非常有利的，但是所需的设备要昂贵得多。

在Slingram测量中，分辨率是由发射机和接收机线圈之间的距离决定的。CWEM和TEM测量都可以使用Slingram配置，但TEM也可以同时定位接收机和发射机线圈，从而提供非常高的分辨率。因此，TEM比CWEM更适合于精确定位非常小的物体目标。大多数现代金属探测器，包括Geonics EM63等"超级金属探测器"，都使用TEM原理。Geonics EM63是专门为水下几米的UXO探测而设计的。

8.4.4 TEM和IP

TEM与第7章讨论的时域IP方法很相似。二者最明显的区别是，大多数IP测量中的电流是直接注入地面的，而不是由磁场引起的。然而，至少有一种IP方法使用了感应法，而更基本的区别在于时间尺度。

时域IP系统通常只在延迟中的100ms~2s之间采样，因此可以避免大部分电磁（EM）效应，而电磁效应主要发生在延迟小于200ms的情况下。因此，这两种方法之间有一小部分重叠，一些频域或相位IP单元可以在从直流到数万赫兹的整个频率范围内工作，以获得电导率谱（参见第7.4.2节）。然而，通常认为EM现象和IP现象是完全独立的，并避免在频率或时间延迟都很重要的区域工作。

9

远源
电磁

一些电磁测量使用的电磁源距离探测器非常远。其实际的间距变得无关紧要，通过趋肤深度获得的穿透力受到频率和电导率 /电阻率的限制（参见第5.2.5节）。

自然电磁辐射的频率范围很广。较长的波长（较低的频率）与电离层微脉冲有关，但大多数用于音频大地电磁测深（AMT或AFMAG测量，在1Hz以上）的辐射来自遥远的雷暴。这些波的强度随时间和频率有很大的变化，利用远距离的人工源产生信号的方法可以补充或代替自然辐射测量。

并非所有使用的人造信号都是为地球物理设计的。从 1960年左右开始，大量工作在15~25kHz甚低频（VLF）频段的大功率军事发射机的建造导致了整个勘探地球物理学在该分支上的发展，也引起了人们对使用更传统（即更高频率）无线电信号的地球物理学的兴趣。许多军用发射机现在已经退役，只有射频系统继续在地球物理上使用，应用于那些要求高精度和低穿透性的地方。甚低频波段仍然非常重要，但它是在整个自然频谱的更大范围内观测到的。

9.1 自然电磁辐射

电离层中由"太阳风"中的质子撞击产生的电流在频率低于1Hz的情况下控制着地球电磁频谱。在0.5~5Hz之间有一个"死区"（图9.1）。在这个"死区"之上，频率高达20kHz的信号（天电）主要由非洲、南美洲和印度尼西亚热带地区的雨带雷暴产生。一个单独的天电通常包括一个初始的较高频率（VLF）振荡部分，其最大频谱功率在4~10kHz范围内，然后是长长的极低频（ELF）尾部，功率集中在大约1 kHz以下（图9.2）。因此，在以2kHz为中心的自然辐射谱中存在第二个最小值（图 9.1），部分原因是这些频率在由大地电离层构成波导中强烈衰减。峰值之间的时间随着电磁源之间的距离增加而增加，并且不可避免地，振幅在不断减小。在某些情况下，超级低频（VLF）部分是缺乏的，信号几乎是不可见的长周期图，如图9.2a所示。

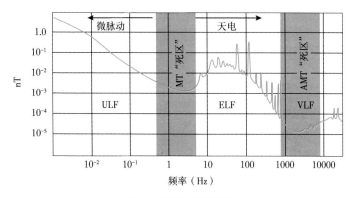

图9.1 低频自然辐射谱

频谱中1Hz以上峰值为大地电离层波导中的舒曼共振（Schumann resonances）；它们的确切位置在一个由电离层底部高程控制的每日循环中发生变化；VLF、ELF和ULF分别代表甚低频、极低频和超级低频

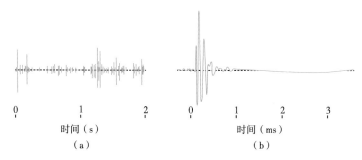

（a）2s内录得的典型自然辐射，单个天电在这个尺度上表现为简单的尖峰；
（b）一个单一的天电信号，由一个初始甚低频（VLF）振荡和一个较长的极低频（ELF）"尾巴"组成

图9.2 天电信号示意图

9.1.1 音频自然信号

在所有的自然电现象中，天电在地球物理勘探中是最有用的，因为它们的频率范围很广，可以在几米至几千米的深度上研究电导率。现代大地电磁测深方法不同于早期的 AFMAG（音频电磁学，现在一般局限于航空测量），后者是由电场和磁场分量组成的。

遗憾的是，就像许多免费的东西一样，自然信号并不总是可靠的。雷暴活动随季节和昼夜变化，大部分温带地区在上午晚些时候最少。信号在傍晚和夜里更强，这对测量工作不是很方便。它们在夏季也最强，而夏季是北半球高纬度地区的蚊蝇季节。在AMT应用的早期，低信号强度和高噪声水平是获取良好数据的主要障碍，时至今日，尽管在设备灵敏度方面有了巨大的改进，但这仍然是主要的不利因素。

9.1.2 AF波传播

无论电磁波是自然产生的还是人工产生的，来自远源的电磁波都在地球表面和电离层底部形成的球形波导中传播。衰减是由两种导电介质的物理性质及其距离决定的。电离层的性质及其底部的高度以24h为周期变化，这是由于太阳辐射的作用将其底部降低至60km左右，使其更加弥散。到了晚上，电离层基底上升至约90km，轮廓更加清晰，衰减减弱。当从雷暴到接收器的整个路径处于黑暗中时，就能获得最佳的信号。

如果地球是一个完美的导体，天电波中的电场矢量与地面成直角，磁场矢量是水平的并与传播方向成直角。这样的波在水平方向上是磁极化的，在垂直方向上是电极化的。然而，地面的电阻是有限的，天电波可以穿透一定距离。在均匀导电的地面上，这个下行波阵面是平面的、水平的，即存在一个水平电场E_x和一个水平磁场H_y。这两个场的比值可以度量地下电导率，并由Cagniard方程决定：

$$\rho = \left(E_x / H_y \right)^2 / 5f$$

许多沉积物覆盖地区的大地电阻率是深度的函数；即地下为水平层状的或一维（1D）的。然后由 Cagniard 方程得到视电阻率，利用一定范围内的频率可以研究电阻率随深度的变化。这一原理最早的应用（大地电磁测深，或 MT 测量）是利用长波长电离层辐射来探测地壳深部，但通常是用过于简化的一维模型来解释，而且普遍存在较大的误差。现代计算机使更为复杂的二维（2D）甚至三维（3D）模型成为可能，而仪器灵敏度的大幅提高也证明了这些模型，从而产生了更好的结果。虽然 MT "死区" 的存在使该方法变得复杂（图9.3），但这种形式的电阻率测深现在在沉积盆地的石油工业研究中得到了应用。

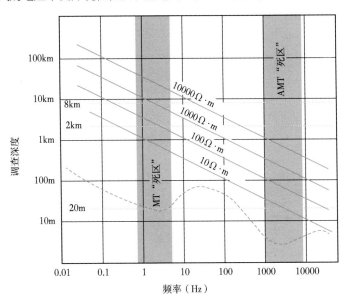

图9.3　调查深度随频率的变化示意图

虚线曲线是图9.1中曲线的简化版本，其中消除了共振峰；研究的深度定义为趋肤深度除以 $\sqrt{2}$ 或大约 $350\sqrt{\rho / f}$；请注意，对于20m至2km深度的矿产勘探，存在音频大地电磁（AMT）"死区"，对于2~8km深度的石油勘探，则存在MT "死区"

9.1.3 磁场效应

仪器设备的进步和计算机求解复杂方程的能力也使 AMT 在矿物勘探中得到更多的应用。几乎可以确定的是，矿床与横向非均质性有关，仅仅测量水平场分量已经不够了。由地下导体中的交变磁场感应出的涡流产生的二次磁场与一次磁场的频率相同，但相位不同，并且一般通过定向以抵抗一次磁场的变化。该技术的基础可以根据使用军事发射机的单频VLF信号的方法（现在已经过时）进行证明。

图9.4显示了薄片状垂直导体对甚低频波的影响。在导体的正上方，二次磁场是水平的，并增强了一次磁场，但在导体的任何一边，二次磁场都是反向的垂直分量。由于军用发射机的磁场强度是

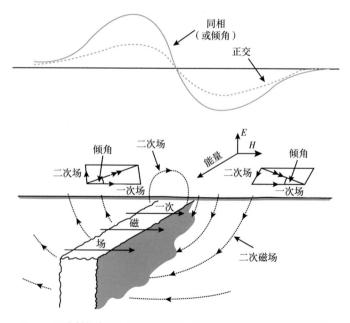

图9.4 沿发射机走向上的垂直导电片上甚低频（VLF）磁分量异常图

使用任意符号约定来区分最大值和最小值

未知的，因此结果通常以磁分量的倾角或倾角切线（垂直场与水平场之比）的剖面形式表示。对于垂直板，异常是反对称的，而倾斜板则会产生最大值和最小值振幅不同的异常。较宽的导体的特征是最大和最小值之间的距离较大，在极限情况下，陡倾的界面将用简单的最大值或简单的最小值来标记（图9.5）。

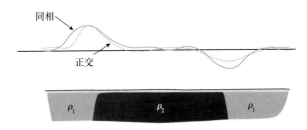

图9.5 延伸导体边缘的甚低频（VLF）磁场异常

符号约定与图9.4中的约定相同

9.1.4 耦合

图9.4所示的磁分量响应主要取决于导体的方向。在常规的电磁勘探中也是如此，但是电磁导线可以设置成与可能的地质走向成直角，以使响应自动优化。在甚低频工作中，测量导线的方向几乎无关紧要，关键参数是导线走向与发射台轴承方向的关系。一个异常体朝向发射器的走向被认为是耦合良好的，因为它与磁场矢量成直角，并且感应被最大化。在其他情况下，电流会减少，从而降低二次场的强度。如果给定区域内导体的可能走向是可变的或未知的，则在轴承上使用两个发射机（大致成直角并以略有不同的工作频率进行区分），以生成单独的甚低频（VLF）图。

在AMT测量中，耦合问题更大，因为电磁源位置不仅未知，而且是变化的。唯一的（部分的，但并不总是令人满意的）解决办法是在每一站记录一段较长时间，并希望一次场的信号至少在某些时候能与目标导体合理地耦合。

9.1.5 椭圆偏振

图9.4中的垂直场和水平场不仅振幅不同，而且相位也不同。如果在相同频率的场之间存在90°相位的差异，相互成直角，其结果将是椭圆偏振（图9.6b）。然而，二次场通常有一个水平分量，它将与一级场结合产生一个仍然是水平的场，但在相位和振幅大小上都不同于其分量。将其与二次场的垂直分量相结合，就产生了倾斜的椭圆偏振的结果。由于二次磁场具有水平分量，因此倾斜角的切线与垂直二次磁场与一次磁场的比值不相同，并且由于倾斜的存在，垂直二次磁场的正交分量不能定义椭圆短轴的长度。这似乎很复杂，但通常仅对倾角数据进行定性解释。在尝试进行定量解释时，通常基于物理或计算机模型研究，其结果可以用现场测量的任何数量来表示。

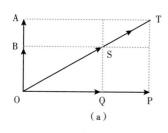
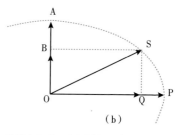

（a）水平场和垂直场同相；当水平向量OP为最大值时，垂直向量OA为最大值，其结果OT为最大值；在任意时刻，当垂直矢量为OB，水平矢量为OQ时，得到的OS沿OT方向运动，但幅度较小；三者同时为零。（b）相位正交：水平矢量OP最大值时，垂直矢量为零，水平矢量为零时，垂直矢量OP为最大值；在其他时间，由OB、OQ和OS表示的结果的顶端形成一个椭圆

图9.6 垂直和水平磁场矢量的组合示意图

9.1.6 倾子

大多数AMT测量的磁分量结果都是用偏振椭圆倾斜度（称为

倾斜仪）来表示的，该椭圆的倾斜度的正式定义为

$$H_z = T_x \cdot H_x + T_y \cdot H_y$$

其中H_z为所选频率处的垂直磁场分量，H_x和H_y为任意垂直的两个水平方向上的磁场分量，T_x和T_y为相应的倾子分量。这个方程中的所有量都是复数，包含−1的平方根（参见第5.2.3节），因此上面的表达式表示两个方程而不是一个。它们可以通过过平方和相加来求解。传统上，总是取正根，所以与倾角不同，倾子总是正的。

两个相互靠近的大倾角的导体产生了类似于每个物体各自产生的异常之和的倾子异常。然而，当其中一个异常体高陡倾斜，另一个则是平伏的时候，预测结果就更难了。这种类型的一个重要例子是导电覆盖层的存在，它实际上影响并能够逆转二次场的相位。

9.1.7 MT实践

大地电磁（MT）测深和AMT测深只需要接收器，而不需要发射机，在许多情况下，这些多用途仪器同样适用于电阻率、IP、CWEM和TEM测深。一般而言，每个位置可以测量三个电场和三个磁场分量，但E2−H3配置（图9.7）更为常见。垂直电场是最难测量且经常被忽略的，但在20世纪70年代成功运行的Barringer E−Phase机载VLF系统中，使用该分量作为相位基准，以后可能会再次流行起来。收集稳定的AMT数据所需的时间相对较长，这导致使用了多个接收器，通过"支配"数个相对简单的单元，并将记录通道的数量减少到一个完整的通道组，降低了成本。

通常认为垂直磁场比其他分量更稳定，因此可以在更宽的间隔点上测量。凡是要测量电场的地方，传感器都是一对接地的多孔电极（非极化的）（参见第6.2.2节），间隔为50~100m。磁传感器是SQUID（超导）磁力仪，或更常见的是，感应线圈缠绕在长1~2m、直径10~20cm的铁氧体磁芯上。由于传播方向是可变的和未知的，

所有水平场测量都需要两个互相垂直的传感器。自然场的多方位特性有时被称为MT的"优势"，它消除了对走向的依赖，但实际上，在一个典型的测量间隔期间记录的所有事件很可能来自大致相同的雷暴活动区域。当主要活动（测量）发生在不同的省份（例如非洲，而不是东南亚）时，第二次测量可能会得出一幅稍微不同的分布图。

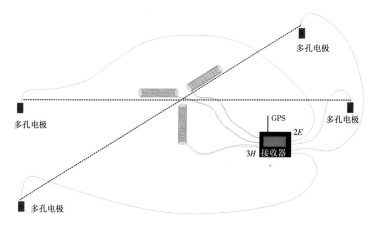

图9.7　E2-H3大地电磁测深典型的野外设置

在MT和AMT工作中，最困难的决定之一涉及单个测量所需的时间长度。磁场变化的典型扩展记录显示了长波长振荡的模式，其上叠加了许多"尖峰"波形（图9.2）。正是这些峰值包含了大部分的AMT信号，在20min内，它们的数量可能从几十个到1000多个不等。记录时间必须足够长才能记录足够多的数字，它不仅随地点而异，而且如第9.1.1节所述，还随季节和时间而异。在许多情况下，因为高噪声水平要求高叠加比，因此至少需要半小时。正是由于每一次读数所需的时间相对较长，才鼓励使用多台记录器，而使用多台记录器的理想方法是在白天将它们放置在既定位置，并在夜间记录。然而，这种缓慢的进展只有在特殊情况下才可接受。

9.2 可控源音频大地电磁法（CSAMT）

与使用自然场有关的问题引导了各种方法的发展，在这些方法中，可以人为地产生类似但更稳定的信号。受控源的应用便是"填充"自然光谱中的"死区"间隙（图9.1），这在某些应用中可能是关键的。

9.2.1 CSAMT原理

CSAMT测量使用的电源通常是一根长的（2km或更长）接地线，线中的电流在0.1Hz至100kHz的频率范围内"扫描"。这类信号现在通常可以从多用途发射机中获得，这些发射机同样可以很好地用于CWEM和TEM测量，而且常常也可以用于频域和时域IP。由于CSAMT方法中距离电磁源的长度比其他类型的电法测量中需要的距离大，因此需要更大的功率。靠近电磁源时，应用毕奥—萨伐特方程（图8.12），但传输效应一般在几千米的远场上占主导地位，可以将地下波阵面视为平面和水平波阵面。由于电磁源方向已知，只有平行于电磁源线的水平电场（E_x）和与电磁源线成直角的水平磁场（H_y）才需要测量以得到Cagniard电阻率（参见第9.1.2节）。然而，如果像Geometrics EH4策略所建议的那样，使用双环天线来获得全张量电阻率信息，则需要传统的AMT正交检波器阵列。

用于CSAMT的传感器与用于MT和AMT的传感器相似。由于平行于区域走向的一根长发射线所产生的磁场在任何地区通常的变化都很缓慢，因此用于侦察的测量通常针对每次磁测量使用多达10个电偶极子。

通常认为用于CSAMT测量的远场始于距长线源三个趋肤深度的距离，因此，它取决于频率。在单一测深图上，通常可以通过测深曲线上令人难以置信的陡坡来识别中场条件的开始（图9.8）。因此，有效的测量深度通常等于距电磁源四分之一至五分之一的距离。这一简单的关系可用于规划测量方案，但计划可能必须根据实地实际情况加以修改。原则上，Cagniard方程不能用于中间场和近场解释，但现场质量控制通常只使用远场近似。

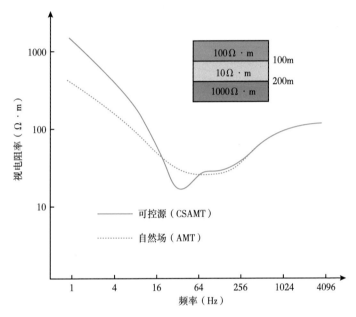

图9.8　简单层状地表AMT和CSAMT探测结果的比较图

简单层状地表（覆盖层100m厚，电阻率100Ω·m，覆盖在100m厚的低电阻率层之上，基岩电阻率为1000Ω·m）上的音频电磁场（AMT）和受控源音频电磁场（CSAMT）探测结果的比较；AMT信号在所有频率下都会产生一个平面波前，但是CSAMT波前在100~200Hz的频率下，从长2km、远8km的接地线产生的平面波前不能有效地平面化；如果在均匀地面上逐渐减小源与接收机之间的距离，并在单一频率下进行测量，将会观察到从远场到近场条件的类似转变；插图改编自Kenneth Zonge的原图

9.2.2　CSAMT数据

除了E_x与H_y的比值外，大多数CSAMT测量也会测量它们的相位差（阻抗相位）。即使在野外绘制Cagniard电阻率和相位差与频率

的关系也很简单。单点的变化可以用曲线来表示（图9.8），但是可以使用伪剖面来研究整个导线（图9.9）。笔记本电脑上运行的程序可以实现一维（简单的水平分层）和二维的Cagniard电阻率反演，以提供电阻率分层的估计。然而，测量深度本身依赖于电阻率这一事实意味着计算中存在一定的圆形度，而建模过程本身是不明确的。要估计某一特定深度的地层电阻率，平均电阻率必须至少达到该深度的三倍，而且只有在电阻性地层中才能进行深度穿透测量。

在调查小型资源时，会出现相位差异。如图9.9的模型研究所示，即使在相应的电阻率伪剖面上仅可见顶部，也可以使用相位查看掩埋源的顶部和底部。

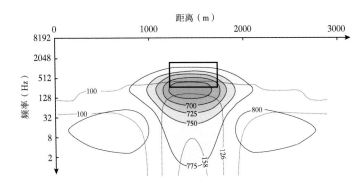

图9.9 埋在100m深介质中的电阻率（5000Ω·m）棱柱的音频大地电磁（AMT）响应

以毫弧度（等值线间隔25mrad）表示的E_x–H_y相位差（阻抗—相位）实线等值线和阴影图；虚线是视电阻率，单位为欧姆米；垂直刻度是频率而不是深度，可以通过任意比例尺的调整使棱柱（黑色实心轮廓）与相位异常峰重合；相对于视电阻率等值线，相位异常显示出一个深度有限的体；插图改编自Kenneth Zonge的原图

9.2.3　CSAMT实用性

使用受控源消除了与自然场相关的一些问题，但也引入了其他问题。长线源要想在远场近似所需的距离上产生足够强的信号，就需要非常高的电流，而且很难找到能在几千米远的距离上安全地（甚至完

全地）承载大安培电流导线的地点。即使在可以做到这一点的地方，地形不规则也可能造成信号的严重失真。闭环电源可以相当小，但需要的电流甚至比线状源所需的电流还要大（以10倍计）。

在远场中，磁场强度和电场强度随距离发射机的立方呈反比减小。接收器"偶极子"的尺寸会影响目标分辨率以及信号强度，但是，在AMT方程可应用于CSAMT数据的地方，由于信号强度通常较低，因此使用小于20m长的偶极子可能是不切实际的。即使这样，噪声仍可能超过信号10倍或更多，观测必须扩展足够长的时间，以便获得非常高的叠加倍数。

对于每个CSAMT系统都存在一个距离，该距离近似独立于频率和电阻率，超过这个距离，对于给定的输入功率所产生的信号会变得太弱而无法使用。对于每个系统，也都有一个取决于频率和电阻率的距离，低于该距离就不能再使用远场近似（图9.10）。不可避免地，对于任何地面电阻率，都会有一个频率，在这个频率上这两个距离是相同的，这就是该系统在该地区的CSAMT极限。信号当然可以在较低的频率下传输，仍然会包含地面电阻率的信息，但要提取电阻率信息必须求解的方程会变得复杂得多。

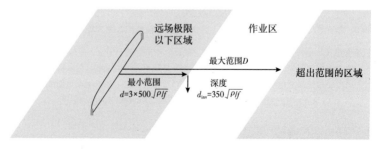

图9.10 可控源音频大地电磁测深（CSAMT）约束条件

可以进行勘测工作的区域介于由信号强度确定的最大距离和由极限确定的最小距离之间，在该距离以下，Cagniard方程将不再适用；后者是频率相关的，因此工作区的宽度会根据频率（f）而变化；ρ 为电阻率

CSAMT探测深度（d_{inv}，图9.10）与远场极限（d）密切相关，它们均与趋肤深度有关，与电阻率除以频率的平方根成正比。在远场极限和距离最大值（D）重合的频率处，测量能够达到最大深度。它的实际值并不明确依赖于频率或电阻率，但是，如果广泛使用的三倍于趋肤深度的远场极限是正确的，该值则会略小于与功率相关的系统范围的四分之一（图9.10）。这是一种快速评估系统能力的方法。因此，几何策略（Geometrics Stratagem）的"正常"和"高功率"版本的最大探测深度分别为400m和800m，这意味着最大探测深度约为100m和200m。当然，从逻辑上来说，要进行调查以达到理论上的最大穿透是非常困难的，因为源必须与接收器一起移动。作为一种替代方法，CSAMT和MT/AMT测量可以结合使用，CSAMT主要用于填补自然信号强度不足的频率"空白"。

CSAMT测量需要发射机能够提供大范围的频率信号，需要一定的时间依次记录每个频率的数据。另一种方法是使用瞬态信号固有的多频特性（参见第5.2.4节）。这种技术称为LOTEM（长偏移瞬态电磁学），在各种应用中都得到了有限的使用。

10

探地雷达

1904年，Christian Hsmeyer首次将无线电波回声测深作为防止船只相撞的装置（telemobiloscope）申请了专利。无线电探测和测距（雷达）这个术语直到1934年才被罗伯特·沃森·瓦特发明出来。对于有用的地表探测来说，从一到几千兆赫的雷达频率最初被认为是太高了，但在20世纪50年代，由于来自冰层底部的雷达高度计反射信号被误读为着陆地表的反射，美国空军飞行员迫降在了格陵兰冰原。探地雷达（GPR）诞生了，它在确定冰厚度对永冻层的研究方面只差了一步。后来人们意识到，这个技术能够对更深的、未结冰的地层进行探测，而且探测的深度尽管不太可能超过几十米，但可以通过几乎与地震反射数据处理相同的技术来增加深度。

今天，探地雷达是所有地球物理方法中使用最广泛的一种。在地质测绘、工程、构造和考古调查以及法医和环境调查中都可以找到许多应用。

10.1 雷达基本原理

探地雷达使用频率在 10MHz到4GHz之间的电磁波来检测电子属性的变化。这与地震（特别是地震反射）方法有许多相似之处，尽管有些术语似乎是为了表明二者的差别而提出来的（图10.1）。传输速度在解释工作中是至关重要的，但是对于大部分材料来说，该速度几乎与雷达使用频率中的具体频率无关。这与1MHz以下的情况形成了对比，在1MHz的情况下，传导电流起支配作用，速度和频率会同时降低。

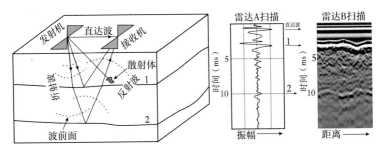

图10.1   探地雷达（GPR）的测量和显示

边界1和边界2将具有不同电特性的层分开，并且信号也可以从孤立的对象中"散射"
出来；A扫描和B扫描是地震反射工作的"道"和"剖面"的雷达等效项

10.1.1   雷达参数

雷达波服从麦克斯韦方程（参见第5.2.2节），但在探地雷达的工作中，常常假设大地的相对磁导率 μ 是统一的。因此，雷达信号的反射、散射和衰减是仅由电导性 σ 的变化和相对的介电常数 ε 引起的（它定义了介质传输电场或允许电场的能力）。通常假设这些是标量，独立于辐射场的方向。这些假设并不严格，但对于简单的处理来说是足够的。

在绝缘体中，电磁波的速度是由下式给出：

$$v = c \,/\, \sqrt{\mu \cdot \varepsilon}$$

或，当 $\mu = 1$，$v = c \,/\, \sqrt{\varepsilon}$

其中，c（$=3 \times 10^8 \text{m/s}$，300000km/s或者0.30m/ns）是光在自由（空的）空间中的速度。在导电介质中情况变得更加复杂，上式可以使用复数介电常数项（$K = \varepsilon + j\sigma/\omega$）和损耗角正切量来表示（$\tan\alpha = \sigma/\omega\varepsilon$）；其中 $j = \sqrt{-1}$，ω（$=2\pi f$）是角频率。大损耗正切量意味着高信号衰减。

表10.1列出了一些常见材料的典型雷达参数。速度通常远低于

自由空间值。雷达不同频率上的导电性能不同，这种情况在使用直流电时非常显著，通常随着频率以近似于对数线性变化率的速度增大（图10.2）。

表10.1　一些常用材料的典型雷达参数

材料	介电常数 ε	电导率 σ（mS/m）	速度 v（m/ns）	衰减常数 α（dB/m）
空气	1	0	0.30	0
冰	3~4	0.01	0.16	0.01
淡水	80	0.05	0.033	0.1
盐水	80	3000	0.01	1000
干砂	3~5	0.01	0.15	0.01
湿砂	20~30	0.01~1	0.06	0.03~0.3
页岩和黏土	5~20	1~1000	0.08	1~100
粉土	5~30	1~100	0.07	1~100
石灰岩	4~8	0.5~2.0	0.12	0.4~1
花岗岩	4~6	0.01~1	0.13	0.01~1
（干）盐	5~6	0.01~1	0.13	0.01~1

在任何材料中，雷达波长都等于波速度除以频率，也就是

$$\lambda = c / f\sqrt{\varepsilon}$$

计算过程是直接的，但是，由于GPR速度通常使用m/ns表示，频率使用MHz（表10.1）表示，所以很容易丢失几个10幂次方，除非这些数量级是相同的。100MHz信号在空气中的波长是3m，在

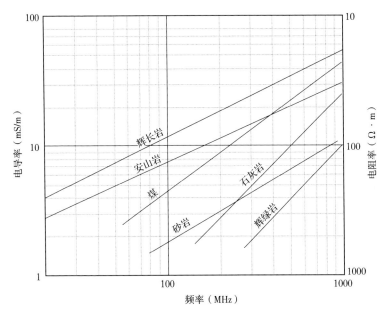

图10.2 雷达频率下电导率的变化图

（据Turner.1992.GPR和电导率的影响.勘探地球物理学（23）：381–386）

速度是0.1m/ns的岩石中是1m，在盐水中，$v=0.01$m/ns，波长只有10cm。记住关键的雷达参数之间关系的好办法是由$v/f/\lambda$构成的三角形关系：

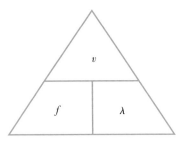

　　如果所需的波长和材料的介电性质已知，那么就可以通过将速度除以波长来计算所需的信号频率。类似地，如果源频率和传输速

度都是已知的，那么将速度除以频率就可以得到波长。

10.1.2 雷达脉冲反射

如果探地雷达信号遇到不连续的渗透性、导电性或介电常数，就会反射一些信号。反射的能量由目标尺寸、入射角、法向入射在无限界面上的振幅反射系数决定。对于低导电性非磁性材料，反射信号的大小由下式给出：

$$RC = \left(\sqrt{K_2} - \sqrt{K_1} \right) / \left(\sqrt{K_1} + \sqrt{K_2} \right) = \left(v_1 - v_2 \right) / \left(v_2 + v_1 \right)$$

K_1和K_2分别是主体材料和目标材料的复数介电常数。有时也使用功率反射系数[其数值等于（RC）^{2}]来表示，但使用时它忽略了这样一个事实，即对于介电常数降低（速度因此增加）的任何边界反射，存在180°的相变。大多数地质材料中的反射系数几乎完全由含水量的变化决定，但电导率在金属材料中占主导地位。

反射功率也由反射面的性质决定。最强的响应来自光滑的表面，在这里会发生镜面反射（即入射角和反射的角度相等），而粗糙的表面会散射能量，减少反射振幅。同样，小目标只会产生微弱的反射。探地雷达的成功通常至少需要入射波1%的反射（也就是说RC＞0.01），目标的最小横向尺寸不低于其深度的十分之一。

要获得任何层的厚度，通过它的旅行时间必须大于脉冲持续时间；也就是说，地层厚度必须要大于信号的波长。如果地层厚度明显小于信号的波长，则相干效果（来自顶部和底部之间的反射）将变得很重要，并且很难测量其厚度。尽管如此，只要净反射振幅超过背景噪声水平，仍然可以检测到该地层。

10.1.3 衰减

因为雷达波会导致电流流动，将电能转化为热量（欧姆耗散），因此它在大地中会不断地衰减，信号振幅最终也会低于可检测到的水平。指数衰减是由衰减常数决定的，在大多数材料中，衰减常数与频率和电导率大致成比例，而且，从自由空间值到磁导率，这种变化非常大。探地雷达在穿透黏土层时的失败是由于在导电性更强的介质中衰减更大而导致了探测的失败。在典型脉冲的频率范围内，衰减常数随频率的大致线性变化意味着脉冲形状会随着旅行时间的变化而变化，因为较高的频率优先衰减。

GPR的穿透力也受到散射的限制，在超过1GHz的频率下，这种散射可能比欧姆损耗更重要。如果局部物体的尺寸与GPR波长相当，信号会在局部对象处产生散射；与频率的四次方成正比的瑞雷波散射（Rayleigh scattering）会发生在小于波长的物体上。对于在非均质材料中的信号传播来说，这是一个重要限制。

在雷达频率下的极化材料中，取决于介电常数和电磁场变化率的位移电流占主导地位，因为原子和分子内部电荷的位移（而不是通过离子和电子的运动来传输它们）变得很重要。这还不是事情的全部，因为即使是真空也存在介电常数，但至少可以解释物理介质在其中所起到的作用。

水分子具有很高的极化性，也就是它的电偶极矩很容易在外加电场作用下对齐，淡水具有非常高的相对介电常数（$\varepsilon=80$；表 10.1）。随着频率的增加，它会更强烈地吸收能量，达到至少几千兆赫（GHz）的弛豫频率（取决于温度和与土壤结合的程度）。即使在 500MHz，水损失也可以在其他低损耗材料中看到。

10.1.4 分贝

雷达系统的性能通常用涉及放大和衰减（损益）的过程来描

述，其测量的单位采用分贝（dB）。如果系统的电源输入为I，而电源输出为J，则用dB表示的增益为$10\lg(J/I)$。因此，10dB的增益相当于10倍，20dB的增益相当于100倍信号功率的增加。负值表示损失。使用对数单位，可以通过将每个阶段的增益直接相加，得到信号经过多个阶段传递后的效果。

$\lg2$等于0.301，因此功率加倍几乎相当于增益为3dB。这种方便的近似被广泛采用，有时似乎已经成为（显然是完全任意的）分贝的定义。几乎同样令人困惑的是，分贝被广泛用来衡量声音的绝对水平。这掩盖了一个很少提到的阈值$10^{-12}\mathrm{W/m^2}$（dB=0），即人类耳朵可以感知到的、普遍接受的最低限度的声音。当然，这种声学分贝在雷达工作中并不重要。

10.1.5 雷达测距方程

可以预见，在没有现场实测的情况下，探地雷达是否有可能获得有用的结果，可能不会比任何其他地球物理方法更困难（这意味着这种方法非常困难），但由于这种方法相对较新，其原理没有被广泛地理解。限制条件包括与仪器性能相关的限制和取决于现场条件的限制。

仪器性能主要由发射机提供的功率与接收机可解析的最低信号水平之间的比率决定。在地面传输过程中的信号损失（该损失受到衰减常数的控制）是最重要的因素，但将发射机和接收器连接到各自天线的电缆或光纤的损耗，以及由于方向天线的特性引起的损耗也是显著的。这些参数都需要分别代入方程，这是因为它们所依赖的频率和天线在几乎所有的探地雷达单元中都可以改变。如果所有仪器因素的总和（以dB为单位）等于F，则雷达测距方程可以写成

$$F = -10\lg\left(A\lambda^2 e^{-4ar}/16\pi^2 r^4\right)$$

其中，λ是雷达波长；a是衰减常数；A个是一个形状因子，其

维度为面积，描述了目标的特征；r 为距离，也即可以检测到目标的最大理论深度。对数形式起源于分贝的使用，这也使得方程比它实际上看起来更强大。因子 $\lg(\lambda^2/4\pi)$ 通常包含在系统参数中，但剩余量具有大小尺寸，在选择单位时必须小心。

对于分别来自光滑平面和粗糙表面的镜面反射，形状因子等于 $\pi r^2 (RC)^2$ 和 $\pi\lambda r(RC)^2$，其中RC是反射系数。距离方程变为

$$F = -10\lg\left[(RC)^2 \lambda^2 e^{-4ar} / 16\pi r^2 \right]$$

和

$$F = -10\lg\left[(RC)^2 \lambda^3 e^{-4ar} / 32\pi r^3 \right]$$

由于距离同时出现在指数和除数中，因此这两个方程都不能直接求解。计算机可以获得数值解，但曲线图提供了处理该问题的另一种实用方法（图10.3）。当电导率和衰减都已知或只有一个已知时，

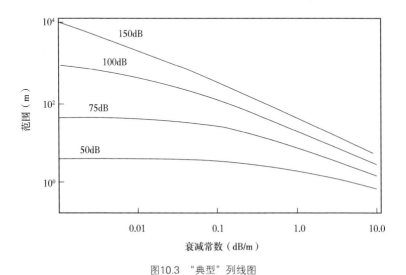

图10.3 "典型"列线图

将雷达范围与衰减常数相关联，用于各种固定的系统增益、扩展和衰减损耗值

有一个粗略规则：测量的最大深度将小于30除以衰减或35除以电导率。距离方程通常对雷达系统的性能提供了一个相当乐观的预测。

探地雷达工作中的噪声是由系统内外各种来源的无用信号引起的。天线接收到的能量与噪声能量的比值定义了信噪比（SNR）。

10.1.6 脉冲雷达

脉冲或超宽带（UWB）雷达系统是最常见的，利用电磁能量的短脉冲，其频率范围从低于某一特定中心频率 f_c 的50%到高于该频率 f_c 的50%。因此，带宽在数字上等于中心频率，一个典型的100MHz信号在低至50MHz和高至150MHz的频率上具有主要的能量。脉冲宽度（以秒为单位）大约等于带宽（以赫兹为单位）的倒数（图10.4），因此窄脉冲意味着宽带宽。

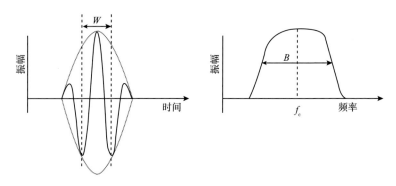

图10.4　雷克子波（Ricker wavelet）的振幅宽度与带宽

短时"雷克子波"形式的超宽带（UWB）信号，其宽频率范围以中心频率 f_c 为中心；
W 是在两个旁瓣最小值之间测得的脉冲宽度，B 是在50%振幅点之间测得的带宽；
对于理想的雷克子波，$B = 0.78/W$

距离分辨率 ΔR 定义了雷达信号能够分辨的层位之间的最小距离，并与脉冲宽度 W、传输速度 v 有关，其公式为

$$\Delta R \geq W \cdot v / 4$$

因此，可以通过减小脉冲宽度，即增加信号带宽来提高测量的距离分辨率（图10.5）。

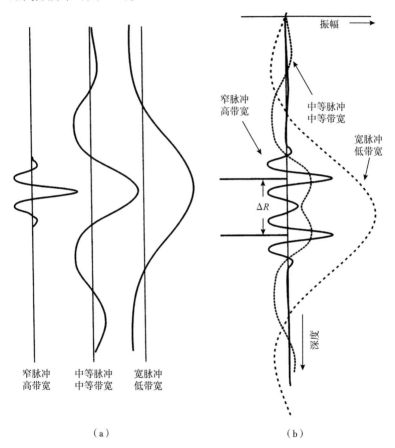

图10.5 距离分辨率（ΔR）随带宽的变化图

反射系数在幅度和符号上均相等的两个界面，很容易被窄脉冲分辨；仍可被空间宽度近似等于界面间隔的脉冲分离，但分辨能力差；不能被宽脉冲分辨。图（a）所示的脉冲是经过改进的雷克子波（参见图10.4），具有较小的旁瓣，但在高带宽下，即使在界面附近也会产生明显的峰值和谷值。"空间宽度"等于脉冲宽度（时间）乘以传输速度

横向分辨率被定义为能够独立区分的两个物体之间必须存在的最小水平距离。它与离目标的距离 d、脉冲宽度 W、传输速度 v 有

关，其关系式为

$$\Delta L = \sqrt{v \cdot d \cdot W / 2}$$

方程中存在深度是因为辐射脉冲的影响区或"脚印"[相当于地震中的菲涅耳（Fresnel）带]随着深度和速度的增加而增加（图10.6）。速度越低（介电常数越高），可以求解的目标横向尺寸越小，即在介电常数较高的材料中，辐射束越窄。

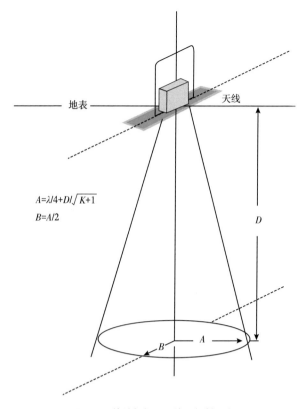

$A = \lambda/4 + D/\sqrt{K+1}$

$B = A/2$

图10.6　接地偶极子天线的辐射足迹

A—椭圆形足迹的长轴；B—短轴；D—深度

10.1.7 连续波雷达

连续波（步进频率）雷达系统不像脉冲系统那样常见，它需要更复杂的天线。它们以逐步增加的频率发射一系列正弦波。图10.7显示了这些"频率包"或"调谐信号"中的一个示例，然后使用傅里叶变换来转换数据（折叠相位）以产生我们熟悉的窄脉冲响应。

步进频率数据可用于表征材料特性，比如以2MHz的步长从100MHz到2GHz的一次系统扫描（图10.8），就可以直接提供浅层和深层特征的详细图像。权衡的结果是使用所需相对较长的时间去收集数据，每个传输之间的间隔时间可以也必须由用户定义。

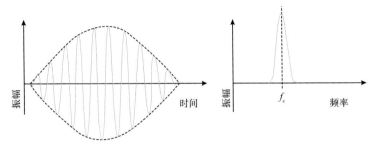

图10.7　连续波信号图

从具有单个主频 f_c 的长振荡脉冲（调制正弦波）得出的窄带宽信号；
一系列这些波将在步进频率雷达系统中传输

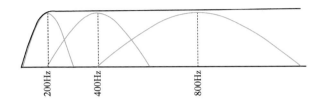

图10.8　步进频率雷达系统的"连续"频谱输出（暗线）
与脉冲探地雷达（GPR）的频谱带宽相比的示意图

后者需要多个天线来提供等效的频率覆盖范围

10.1.8 天线

天线有多种类型可供选择，每种天线的设计都考虑到特定的功能和搜索尺度，以最大限度地提高信噪比。图 10.9显示了一些最常见的方法。它们都遵循一个普遍规律，即频率越低，天线越大。因此频率的变化通常意味着需要使用一种新的天线，但是步进频率系统通过使用更复杂的设计来避免这种情况，比如对数螺旋天线。

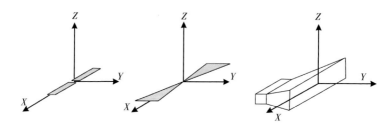

图10.9　偶极子天线、领结天线和喇叭天线示意图

偶极子和蝴蝶结天线都是在距离地面很近的地方工作，以使耦合最大化，在实际操作中该距离不应超过雷达波长的0.1~0.25倍。喇叭天线，用于需要更高频率、更多的方向性和有限的测深应用，与地面的距离可以提高到2~3倍的波长甚至更多。一个蝴蝶结或偶极子天线的物理尺寸应该类似于信号在地面的波长。

GPR原理最简单的讨论是与偶极子天线有关的，它在自由空间中沿偶极轴以圆柱对称和零强度辐射（图10.10）。陆地彻底改变了这个简单的模式。如图10.11所示，反射点相对于天线的角位置强烈影响接收信号的强度。H平面图的峰值和E平面图的零点是由一个取决于地下的介电性质的临界角控制的：

$$\theta_c = \sin^{-1}\left(\frac{1}{\sqrt{\varepsilon}}\right)$$

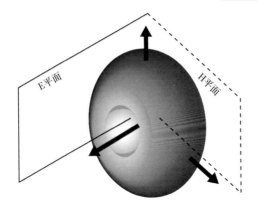

图10.10　GPR天线示意图

偶极子天线的理想自由空间辐射方向图如图10.9所示；偶极子的垂直轴（$x-z$）称为E平面或TM，并且与H平面（TE）正交；对于理想的偶极子，天线两端均不会产生电场

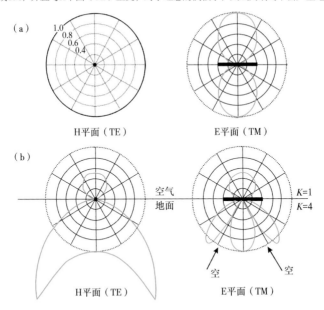

显示了偶极子天线在H平面和E平面上的辐射功率；（a）自由空间中的辐射图；
（b）天线放在地上且介电常数$K=4$时的辐射方向图；对每一种情况，图都
按照从天线中点垂直向下辐射的功率进行了归一化

图10.11　偶极子天线极坐标辐射图

如果反射角与其中一个零点的倾角相同，反射的能量就很少或没有。意识到这一现象是很重要的，特别是在反射面的方向不知道的情况下（在这种情况下，建议收集双极数据）。

天线方向对于线性目标（如地下埋设的管道）也很重要。当偶极子天线与偶极长轴平行时，它们对这些物体最为敏感，如图10.12中目标A的情况所示。相反，很难发现目标B，除非天线旋转90°（可能涉及进行第二次沿正交测线方向进行的勘测）。一些制造商生产带有内置交叉极化偶极子天线的探地雷达系统，以便在目标方向未知的情况下获得最大的探测能力（和生产率）。然而，如果探测的对象是对金属管道之下的特征进行图像处理或者是带有钢筋的混凝土板，那么天线最好垂直于管道或钢筋的方向进行定位，以尽量减少他们对目标信号的影响。

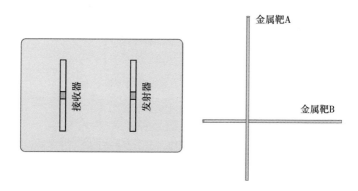

图10.12　平行发射器和接收器偶极子天线在单个
外壳中相对于金属靶A和B的布局示意图

如图10.12所示，大多数探地雷达系统使用独立的接收机和发射机天线，它们可以单独安装或集成到单个模块中。因为测量结果的最佳值取决于环境和目标深度以及频率和发射机的大小，所以即使在给定的测量中保持间距不变，可分离性的接收机和发射机天线也是可取的。然而，对于连续剖面分析来说，共用一个外壳几乎是必不可少的，但是它必须保护接收天线不受高水平发射信号的影响。减少收发天线之间的交叉耦合是探地雷达系统设计的一个重要目标。

目前，人们正投入大量精力设计屏蔽天线，以最大限度地提高来自下方的信号，并减少来自地面目标的虚假响应。尽管有不同的说法，但没有任何屏蔽方案是完美的，信号泄漏总会发生。这些新型天线主要是电阻加载偶极子、螺旋天线和TEM天线的变体。

10.1.9 脉冲叠加

理想的探地雷达脉冲系统将向地面发射脉冲，并在设定的时间间隔（以纳秒为单位）内以单一波形显示与地面和接收天线褶积的响应。虽然这在声学和地震学上是可行的，但由于过去没有具有足够动态范围和足够高采样率的模拟数字转换器（ADCs），因此直到最近才在雷达频率上成为可能。为了解决这个问题，使用了重复发射的顺序采样，每次发射只采集一个样本。因此，如果每次发射收集256个样本，那么需要256次发射来收集每一个采样时间上的一个样本（叠加次数 1）。探地雷达系统通常有脉冲重复频率（PRFs），即在400MHz以下、100kHz的中央的频率，将信噪比增加到30dB需要进行1000次叠加，在一次扫描中需要256000次发射和2.6s的时长。如果天线是手动移动的，这不是问题，但是使用连续拖曳系统每次扫描收集32~64个叠加是不实际的。这是信噪比的一个基本极限。实际和监管的限制条件限制了通过增加发射机功率来改进这一情况的范围。

高速ADCs最近已经可以使用，这允许在一次发射中收集整个波形。这提供了增加叠加次数的可能性（实际极限约为10000），并可以为同一天线提供额外的30~40dB的信号。在这个版本的存在时间内，这些系统很可能成为常规的手段。

10.2   地质雷达勘探

控制探地雷达系统性能的关键因素是中心频率 f_c 和带宽B（参见第10.1.6节）。需要高频来分辨小物体，但高频的穿透能力有限。探测较深的物体需要较低的频率，因为低频具有较大穿透能力。表10.2提供了一系列目标探测深度范围内典型的中心频率的选择。该表格假设的介电常数材料相对较低。对于高介电常数和/或导电材料，或含有大量散射体（杂波）的材料，穿透性将显著降低。

表10.2   不同中心频率能达到的勘探深度

中心频率（MHz）	近似深度（m）
10	50
25	30
50	10
100	5
200	3
500	2
1000	1

10.2.1   仪器

探地雷达系统（图10.13、图10.14）由连接到接收机和发射机的控制和记录单元（CRUs）组成，每个CRUs又连接到一个或多个天线。金属线是雷达频率下交流电流的效率较低的导体，信号通常通过光纤传输到CRUs或从CRUs传输出去。它们具有不受电气干扰的优点，但比电线脆弱，损坏时不易修复。一些商业上可用的光缆由黑色套管保护，当它们铺设在地面上时几乎看不见，因此必须在现场准备大量的备件来更换损坏的光缆。

图10.13 利用地耦合偶极子天线或蝶型天线的常用雷达系统示例

图10.14 带有空中发射喇叭天线的雷达系统用于监视铁路路基碎石

CRU上的设置决定了雷达频率、记录数据的时间段（窗口）以及要叠加的单道的数量。25MHz、50MHz、100MHz和200MHz的中心频率是地质应用的典型频率，需要在32~2048ns的时间段内记录。用于扫描工程结构的频率通常在400~4000MHz之间，时间周期在10~70ns之间。现代CRUs相当于功能强大的个人电脑，在现场可以做很多信号处理。在一些早期的系统中，CRU的功能可以由任何装载了适当软件的合适的笔记本电脑来执行，此时用户常受到操作系统升级的困扰。此外，很少有笔记本电脑能在雨中使用。

10.2.2　调查类型

在大多数探地雷达探测中，天线间距是恒定的。此时得到共偏移距剖面（图10.15a）。另一种方法是从一个固定的中点改变两个天线的距离，以获得多次覆盖的共中心点（CMP）覆盖图（图10.15b）。CMP测量允许根据反射时间随偏移量的变化来计算速度，但速度较慢，因此在探地雷达中比较少见（如下文第12.1.2节所讨论的，在地震反射中通常采用这种方法，在那里可以大量布置廉价的检波器）。

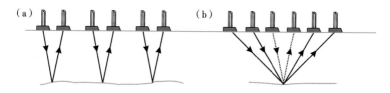

图10.15　（a）固定或恒定偏移距示意图及（b）共中心点测深

在过去的几年中，多通道（多天线或阵列）探地雷达系统的出现有望彻底改变许多工程、环境和考古应用。除了明显的生产力提升外，随着天线数目的增加，侦测局部或线性小目标的可能性也会增加。来自一些制造商的多通道系统现在已经可以使用：单中心频率超宽频（UWB）系统，可以针对选择范围内的目标改善照明和检测能力；多中心频率超宽频（UWB）系统，可以一次性在一系列深度上改善照明能力；步进频率系统，可以一次性在一系列深度上提供改善的照明和检测能力。

10.2.3 选择调查参数

在大多数探地雷达工作中，天线间距、基站间距、记录长度、发射频率和采样频率都可以存在一定的变化。发射频率是最重要的单变量，因为它限制了许多其他参数的值。分辨率标准可能（通常也确实）与探测要求相冲突，现场操作人员至少应该知道，对于他们使用的仪器，穿透能力和分辨率之间的平衡在处理过程中可以得到多大程度的补偿。

分辨率也受到站距的影响。如果在一个共偏移剖面中相邻站点之间的距离超过在大地中波长的四分之一，即大约 $75/f\sqrt{\varepsilon}$，其中 f 的单位是MHz，那么本可以识别的目标也不会正确地分辨出来。这个值的大约1/5的分隔距离通常会得到好的结果（图10.16），但是为了操作方便，可以使用较小的值。表10.3概述了各项准则。如果需

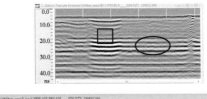

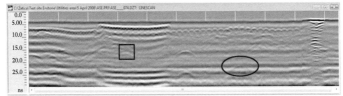

图10.16　错误和正确设置探地雷达（GPR）系统的雷达图

在上图的示例中，目标特征（轮廓）几乎不可见；下图改进了设置（每米扫描2.5倍，范围缩小了30%）揭示了所寻求的微妙但重要的特征

表10.3 探地雷达（GPR）测量设计

GPR勘探设计参数	经验法测	备注
GPR中心频率	$f_c = \dfrac{150}{d\sqrt{\varepsilon}}$	频率单位为兆赫（MHz），d单位为米（m）
范围	$1.3 \cdot \dfrac{2D_{max}}{v_{min}}$	D单位为米（m），v单位为米每纳秒（m/ns）
采样时间间隔	$\Delta t = \dfrac{1}{6f_c}$	时间单位为秒（s），f_c单位为兆赫（MHz），每次扫描所需样品数量通过样本范围除以样本间隔确定
距离	$\Delta X_{min} < \dfrac{75}{f_c \varepsilon}$	距离单位为米（m），f_c单位为兆赫（MHz）；最好是多取样，数据冗余是有利的，例如当天线表面耦合可变时
线距（LS）线性趋势目标	$LS < 0.5 \cdot$ 连续线性最小距离	距离单位为米（m）
定位目标	$LS < A = \dfrac{D}{\sqrt{\varepsilon + 1}}$	
天线发射	$S = \dfrac{2D}{\sqrt{\varepsilon - 1}}$	如果条件未知，以米为单位的距离S=目标深度D的20%；如果$S \geq D$，则须进行修正以获得$t = 0$
天线方向	通常与目标长轴平行的电场	如果目标的趋势方向未知或地层的倾角未知，则需要正交线

注：f_c——中心频率；

　　t——时间间隔；

　　d——反射器之间的空间间隔；

　　ΔL——导质性（杂波）的最小长度，未知时可忽略；

　　ε——介电常数；

　　D——从地面到目标的深度，假设天线耦合到地面；

A——简化椭圆GPR占地面积的长轴半径（参见图10.7）；
v——介质中的波速。

要实时映射地下埋藏特征，这意味着要在现场进行解释，那么正确的选择尤其重要。

雷达信号是以数字方式记录的，因此必须要有足够的采样以确保波形得到充分恢复。如果每个完整周期中的样本少于两个，就会发生畸变（参见图1.7）。由于探地雷达信号中出现的最大频率大约是标称中心频率的两倍，因此采样率至少应该是中心频率的四倍。通常会增加一个安全系数2，对于100MHz的信号（即采样间隔1.25ns），其采样频率为800MHz。大多数探地雷达系统上的设置能够收集到比需要多得多的样本。在对测量速度与分辨率做权衡决策的时候，这一点非常重要。

雷达系统的高重复率允许在每个发射机/接收机装置上记录大量的信号，并进行叠加，以减少随机噪声的影响。关于应该重复多少次，必须在现场做出决定。至少，在读取时间开始显著影响工作效率之前，应该重复尽可能多的次数。

偶极发射机和接收机天线通常是并排放置的，但也可使用端到端甚至宽边（正交）配置。如果目标的走向已知，天线应平行于该走向（参见第10.1.8节）。免费使用的一维（水平层状地球模型）建模软件提供了一种有用的方法来测试各种推断假设、识别多次路径、混响和极性变化，并确认解析预期目标所需的范围和最佳中心频率（图10.17）。

10.2.4 探地雷达测量中的干扰

即使深度穿透、反射率和分辨率似乎令人满意，环境问题也会妨碍探地雷达测量的成功。无线电发射机是潜在的干扰源，强大的无线电信号可以压制（饱和）接收机电子设备。如果地下金属物体不是调查目标，它的存在所导致的后果也可能是极其严重的。反射可能来自物体的侧面（侧向反射），如果物体是金属的，反射可能非常强烈。地表上的特征实际上可以产生很强的侧向响应，因为如果地面导电性高，沿地面/空气界面会有大量的能量辐射。

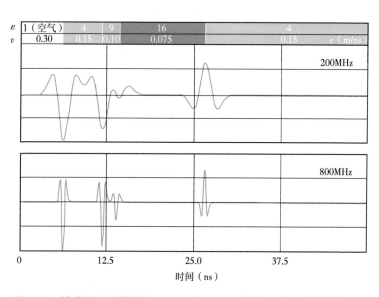

图10.17 针对水平分层模型的200MHz和900MHz处的"一维"A扫描响应图

其中一个薄层（0.1m）夹在两层之间，相对介电常数如图所示（上图）；请注意，在较高频率下分辨率更高，并且来自低介电常数层顶部的反射的极性相反；极性可以作为确定材料类型的有用方法

干扰或低信噪比的一个常见来源是杂波，即目标周围材料的不均匀性。信号在到达目标深度之前，会因为来自无关结构的反射而损失大量能量。例如，这可能发生在对一袋未压实的粗糙砾石或工业碎石的勘测中。此时，可能需要使用比其他情况下更低的频率。

10.3 数据处理

　　探地雷达数据可能需要大量的处理。小型计算机在规模上的小型化和计算能力的增加使得在现场进行数据处理成为可能，有时使用现场仪器本身也能处理。然而，这样做有可能浪费了大量的时间，却获得了很少的收益。一个有价值的原则是：只有在这样做有明显的好处的情况下，才去处理原始数据。对于许多类型的目标，标准的探地雷达系统产生的实地数据可以毫不费力地解释。

　　如果进行了处理，那么保留审核跟踪非常重要，以便所有结果都可以追溯到源。随着世界范围内探地雷达在土木工程中的广泛使用，某人在某地被要求在法庭上为其解释成果辩护只是时间问题。

10.3.1 显示探地雷达数据

　　一个GPR道或A扫描（参见图10.1）被记录为一系列在时间上相等间隔的数字值。理想的A扫描结果由一条水平线及偶尔贯穿该线的"事件"组成，该"事件"由从接收机和发射机天线之间的中点垂直下方的位置反射后到达表面的能量所产生（图10.17）。显示图可以是一组A扫描结果（摆动曲线），也可以是变面积方式的B扫描结果，在后面这种显示方式中，零线一侧的偏移量为阴影。颜色有时被用来强调极性。

　　在正常的B扫描中，水平轴表示距离，垂直刻度代表双程反射时间（TWT）。对于大多数仪器，当天线沿前进方向移动时，由轻微处理过的道数据形成的B扫描会"实时"显示在屏幕上。这使得探地雷达成为实际应用中最有趣的地球物理方法之一。B扫描和地震反射剖面之间的相似性非常接近（比较图10.18和下文图12.8），有时只是双向时间尺度以纳秒为单位，而不是以毫秒为单位，以表明该剖面是由电磁波而非地震波产生的。

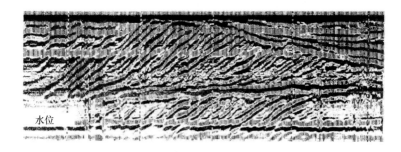

图10.18　SIR.System-3变面积探地雷达（GPR）记录（B扫描）

显示了Lower Greensand地区的"S"形倾斜反射；经C.Bristow博士许可转载

与地震反射一样，现在的探地雷达包括三维测量，其中测线的间隔非常近，其结果是根据数据体而不是单独的剖面来解释。图10.19中所展示的类型仍然比较少见，但它们的使用可能会增加。

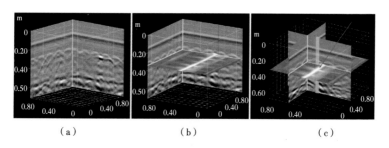

图10.19　探地雷达三维显示图

在0.1m正交网格上采集的高分辨率探地雷达（GPR）数据集（a）的三维（3D）显示，以确定在钢筋混凝土板上钻孔的安全区域；（b）未处理的数据显示为三维立方体，显示沿 X 和 Y 轴的图像；（b）选择了一个时间片（在 Z 平面中）以突出显示横穿平板的导管；（c）推荐的钻孔位置叠加在数据立方体上；除了三维显示和插值参数的选择外，不需要任何数据处理，没有人在打孔时受到伤害

10.3.2 偏移

潜水面和沉积分层在探地雷达剖面上显示为连续同相轴（图10.18），但管道、电缆、卷筒和UXO（未爆炸弹药）通常以弯曲的、由一种侧反射构成的向上凸起的绕射图案所创建。问题的根本原因是将A扫描结果垂直绘制便形成B扫描，因此所有同相轴，即使它是从沿倾斜路径而来的反射，也会垂直显示在表面天线的位置下方。连续反射层中的小反射体或尖角可以以多个角度反射雷达波，从而产生绕射图案（图10.20a）。只要速度只随深度而变化，这些模式就是双曲线型的。只要测量导线实际上经过反射源，该反射源在图中的位置就会位于图案的顶点部位。

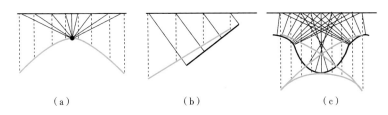

（a）　　　　　　　（b）　　　　　　　（c）

图10.20　雷达剖面的形状畸变示意图

在这三种情况下，实线表示实际的反射路径（对于接近重合的接收器和发射器天线），虚线表示在B扫描上将绘制相应A扫描的位置；假设没有大的速度变化，则粗蓝色线显示绘制的图像；（a）点反射引起的绕射图样；（b）倾斜层在倾角上减小，横向移位；（c）从紧密的同步线开始"领结"；在下文图12.8的地震剖面上可以看到其中一些特征的示例

由于来自倾斜界面的反射也会沿倾斜路径传播，不会对倾斜反射面的位置产生严重畸变（图10.20b）。紧密向上的凹形向斜可以在一个地表位置产生三个反射，从而产生被称为"领结"的特殊特征（图10.20c）。所有这些畸变都可以通过最初为地震数据开发的"偏移"程序来校正，但这些程序必须同时在大量接收道上同时工作，因此不容易在现场实施。

几乎可以说，探地雷达应用可以分为截然不同的两种情况。在第一种情况下，对层状结构进行成像和成图。在第二种情况下，寻找那些暗示地下存在有限强反射目标的绕射信号。

10.3.3 处理过程

如前所述，目前用于探地雷达数据的大多数处理技术与为地震数据开发的技术相似，地震处理软件几乎未经修改就被用来提高探地雷达的结果。但二者在处理重点上存在不同，主要原因是雷达脉冲可以控制得很好，此外通常使用单次覆盖数据而不是CMP多次覆盖数据，但这些不需要现场的操作人员担心。

叠加后，探地雷达数据通过高通滤波器，消除由于感应效应和仪器频率响应的限制而产生的噪声；以及通过低通滤波器，以消除噪声脉冲。然后通过时变放大来恢复信号振幅随时间的衰减。在现场，使用自动增益控制（AGC）执行此类操作，生成用于质量控制的记录，但数据本身通常以未经修改的形式存储。在数据处理中心，对传播效果进行的补偿通过使用基于地下物理模型的SEC（球形和指数补偿）滤波器来进行，这一步一般是在基于频率的滤波之后进行的，因为时变增益函数会使子波产生变形，如果要保持振幅完整性，就必须小心使用。偏移算法对整个数据集而不是对单个数据道进行操作（图10.21），并且通常是在最后进行的。

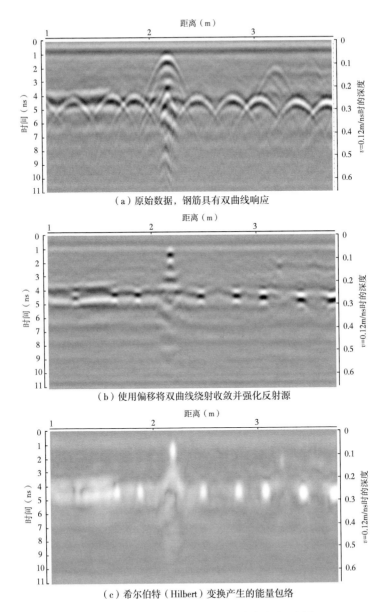

（a）原始数据，钢筋具有双曲线响应

（b）使用偏移将双曲线绕射收敛并强化反射源

（c）希尔伯特（Hilbert）变换产生的能量包络

图10.21　用于对混凝土板中的钢筋成像的处理实例

地震波法：
总论

在对层状介质进行调查所使用的所有地球物理技术中，地震方法是最有效和最昂贵的。本章将讨论反射波和折射波测量的常见特点。第12章介绍了小尺度反射测量的特点，第13章介绍了浅层折射测量的特点。第14章论述了表面波的发展应用。深部反射波测量涉及大规模现场工作人员、笨重的设备和复杂的数据处理，超出了本书的范围。

11.1 地震波

地震波是由岩石颗粒振动传递的声波能量（声波）。低能波是近似弹性的，通过岩体而使它们保持不变，但靠近地震源的岩石可能会被粉碎并产生永久变形。

11.1.1 弹性波的类型

当声波在空气中传播时，分子在能量传播的方向前后振荡。因此，这种压力波或"推动"波作为一系列的压缩波和膨胀波传播。在固体介质中，它具有任何可能的波运动的最高速度，因此也被称为纵波，或简单地称为P波。

粒子以垂直于能量流的方向振动（这只能发生在固体中），产生一个S波（剪切波，"横波"，或者由于其相对缓慢的速度，产生二次波）。在许多固结岩石中，S波速度大约是P波速度的一半。它稍微依赖于粒子振动的平面，但这些差异在小规模的勘探中并不显著。

P波和S波是体波，在主岩体内部扩散。其他波，如勒夫波（Love wave），是在界面上产生的，地球表面的粒子沿着椭圆路径产生瑞雷波（Rayleigh wave）。勒夫波和瑞雷波可以携带相当大比例的源能量，但传播速度非常缓慢。习惯上将它们简单地混在一起称为地滚波，现在正逐步应用于近地表调查。

11.1.2 地震速度

岩石的"地震速度"是声波穿过岩石的速度。它们与被传输能量强迫振动的单个岩石颗粒的不断变化的速度截然不同。

任何弹性波速度（v）都可以表示为一个弹性模量的平方根除以密度（ρ）的平方根。对P波来说，使用拉伸弹性 j 为宜，对S波来说，使用剪切模量 μ。方程

$$v_p = \sqrt{j / \rho} \ , v_s = \sqrt{\mu / \rho}$$

意味着高密度岩石应具有较低的地震速度，但由于弹性常数通常随密度的增加而迅速增强，所以实际情况下正好相反。盐是唯一一种速度快但密度低的普通岩石。

如果已知岩体的密度、P波和S波的速度，则可以计算出岩体的所有弹性常数，它们是由方程联系起来的：

$$\left(v_p / v_s \right)^2 = j / \mu = 2 \left(1 - \sigma \right) / \left(1 - 2\sigma \right)$$

即

$$\sigma = \left[2 - \left(v_p / v_s \right)^2 \right] / 2 \left[1 - \left(v_p / v_s \right)^2 \right]$$

和

$$j = q \left(1 - \sigma \right) / \left(1 + \sigma \right) \left(1 - 2\sigma \right), \ \mu = q / 2 \left(1 + \sigma \right)$$
$$K = q / 3 \left(1 - 2\sigma \right), \qquad\qquad j = K + 4\mu / 3$$

其中，q 为杨氏模量；K 为体积模量；σ 为泊松比，对一个立方体材料来说，泊松比是在施加压缩的方向上的缩短量与垂直该方向上的扩张量之间的比率。这个比值的最大值为0.5（对于完全不可压缩的材料），此时 v_p/v_s 比变为无穷大。固体通常可以被压缩到一定程度，但是水和大多数其他液体是不可压缩的，并且横波不能通过它

们传播。岩石中的泊松比很少超过0.35，P波总是最快的，除了最坚固的岩石，它的传播速度几乎是S波的两倍（图11.1）。

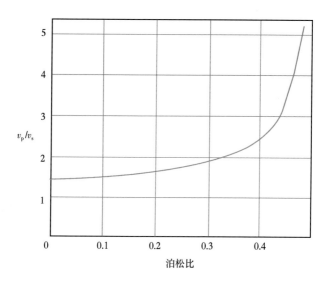

图11.1 v_p/v_s 随泊松比的变化

大多数地震勘探只使用纵波，并提供纵波的速度估计，这些是岩石属性的粗略估计。图11.2显示了普通岩石的速度范围和可撕裂性，后者定义为岩石是否可以被安装在推土机后面的钉子撕裂。S波现在用于一些浅层反射勘探，其较慢的速度提供了更好的分辨率（见下文第12.2.7节）。

11.1.3 速度与时间平均方程

在相当广泛的范围内，由不同材料构成的混合物的地震速度可以通过对地震波在纯组分中的传播时间（速度的倒数）求平均来计算，并根据出现的相对数量进行加权。这个原理甚至可以用在其中一个成分是液体的情况下，如例11.1。

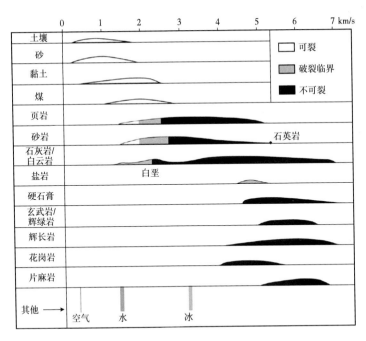

图11.2 常见岩石中P波速度和破裂度的范围

每种岩石类型的垂直轴为给定速度情况下样本的大致相对数量

例11.1 混合物中地震波速度

可以由以下公式计算出80%石英和20%充水孔隙率的砂岩中P波的速度：

$$v_p(石英)=5200m/s, \quad v_p(水)=1500m/s$$

$$1/v_p=0.8/5200+0.2/1500=0.000287$$

$$即 v_p 砂岩约为3500m/s$$

在干燥岩石中，其孔隙空间充满了空气（v=330m/s）而不是水。时间平均法不能定量地应用于含气孔隙，但干燥物质通常具有非常低的P波速度。如果它们的固结性差，并且没有弹性反应，它

们也可能强烈地吸收S波。固结不良的含水饱和材料的速度一般仅略大于水的速度，在纵波勘探中，潜水面往往是一个显著的地震界面。因为S波在气体和液体中都不传播，潜水面在横波勘探中是看不到的（这有时也是一个优势）。

风化作用通常会增加孔隙度，从而降低岩石速度。这一事实构成了图11.2所示的可裂性范围的基础。很少有新鲜的、压实的岩石的速度小于2200m/s，并且可裂性的岩石通常也至少是部分风化的。

11.1.4　射线路径图

地震波完全是用波阵面来描述的，波阵面定义了地震波在某一时刻到达的点。然而，在所有地球物理勘探中，人们只对一小部分的波前感兴趣，因为只有一小部分的能量返回到放置探测器的地点。利用几何光学原理，将地震射线与相应的波阵面成直角画出，可以方便地识别出重要的传播路径。射线路径理论在地震学上不如在光学上作用大，因为最有用的地震波波长在25~200m之间，这与勘探尺度和界面深度相当。在这种情况下，波效应可能是重要的，但地震波场解释仍然可以基于射线路径近似。

11.1.5　反射与折射

当地震波遇到两种不同岩石类型的界面时，一部分能量被反射，其余的能量以不同的角度继续传播，即发生折射。反射定律很简单：反射角等于入射角（图11.3a）。折射是波阵面在不同传播速度的介质中以不同的速度扩张的结果，它受斯奈尔定律（Snell's law）的控制，该定律将入射角和折射角与地震波在两种介质中的速度联系在一起：

$$\sin i / \sin r = v_1 / v_2$$

如果v_2大于v_1，折射会沿着界面传播。如果$\sin i$等于v_1 / v_2，折射射线会与界面平行，其中一部分能量会以平面波前的形式返回到地表，这被称为头波，它以与入射角相同的角度离开界面（图11.3b）。这是本书第13章中所讨论的折射方法的基础。更大的入射角不会有折射射线，此时所有的能量都被反射。

在绘制反射波或临界折射波的射线路径时，必须考虑所有较浅界面的折射。只有法线入射不发生折射，它与界面成直角。

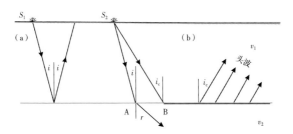

（a）反射和（b）折射；单折射在A处发生，临界折射在B处发生；一般入射角由i表示，临界入射角由i_c表示；临界入射角的折射角r为90°

图11.3 地震反射和折射示意图

11.2 震源

传统的震源是指少量的炸药。冲击源和可控震源现在比较流行，但炸药仍然很常用。

11.2.1 锤子

一个4磅或6磅重的大锤为小规模的勘查提供了一个通用的震源。产生的有用能量取决于地面条件以及施加的力量和技巧。基于10~20m长的排列的折射工作几乎总可以使用锤子作为震源。但如果需要的震源能量传播超过50m的距离，就很少用它了。

锤击的目标通常是一个平板，其目的不是提高脉冲（直接撞击地面有时可以提供更多的地震能量），而是通过突然停止锤击，提供一个确定的、可重复的瞬间撞击。一英寸厚的铝板或钢板曾经受到青睐，但现在使用更耐用、噪声更小的厚橡胶圆盘。最初的几次锤击往往是相当无效的，因为板子需要"埋入"在土壤中。而用力过度可能会把它埋得太深，以至于后期不得不把它挖出来。

11.2.2 其他冲击源

更强大的冲击源可能用于更大规模的勘探。数百千克的重量可以用便携式升降机或起重机吊起来，然后让其降落（图11.4）。最小的释放高度约为4m，即使较短的落差也能提供足够的能量。因为当重量释放时，支撑物也会产生反弹，并产生自己的地震波列，因此长时间的降落会使这些振动在冲击发生之前消失。安装在拖拉机上的钻孔机在农业地区很容易找到，也是很实用的震源。重物沿导轨下降，然后由连接到拖拉机的滑轮系统提升。另一个选择是推进能量发生器（PEG），它利用一根橡皮筋从半米高的地方高速推进几十千克的物体。

有时在真空管中释放相对较小（70kg）的重量以提供冲击，重物的上表面暴露在空气中，实际上有几百千克额外的大气随之一起降落。这个想法很不错，但它的震源很难运输，因为管子必须很坚固，也因此很重，而且必须安装在拖车上，还需要一个电机驱动的压缩机用来抽出空气。

可控震源广泛应用于大规模反射波勘探，但产生的数据需要大量而复杂的处理。计算能力的进步直到最近才使这种处理在小规模反射波测量中变得可行。使用如图11.5所示的震源，振动器与地面耦合并使用计算机可选范围内的频率进行扫描。通常到最远的检波器的距离约为5m，频率范围在5~200Hz，实际值由现场条件决定。可控震源在面波勘探中越来越受欢迎（见下文第14章）。

图11.4 冲击源示意图

在低速层的测量过程中，从便携式起重机上放下了半吨的重物

图11.5 电磁可控震源示意图

11.2.3 炸药震源

几乎任何一种（安全的）炸药都可以用于地震工作，特别是在弹孔较浅且炸药不会受到异常温度或压力的情况下。绳状炸药在采石场爆破中用于延迟发射序列，比普通的硝铵炸药更安全，可以通过将金属棒或撬棍打入地下而进入射孔。雷管的使用对于需要高分辨率的浅层反射勘探来说是很出色的震源。

爆炸释放的大部分能量都浪费在爆破点附近的碎石上，而在1m左右的水中激发的震源可以更有效地产生地震波。这种效果是如此明显，以至于如果震源的位置不是很关键的话，就值得将震源摆放在距离记录排列几十米，甚至数百米的河里。在干旱地区，向炸药孔注水可以取得显著的改善。

电爆在使用炸药时是正常的，但普通雷管在引线燃烧的瞬间（通常提供了时间参考值）和主药爆炸的瞬间之间有短暂的延迟。地震工作应使用零延迟雷管，包括记录仪在内的整个系统的总延迟应定期使用埋在距检波器几英寸处的单个雷管进行检查。

炸药涉及安全、安防和政治等问题。它们的使用必须符合当地的规定，这些规定通常要求雷管和炸药有单独的及有执照的安全储存处。在许多国家，这项工作必须由有执照的爆破手监督，而且几乎所有地方都需要警察的许可。尽管有这些缺点，尽管如果炸药接触到裸露的皮肤会立即引起头痛，但炸药仍在使用。它们以最便于携带的形式表示着潜在的地震能量，实际上，如果要在50m以上的距离探测到信号，它们是必不可少的。

可以使用多种基于爆炸的方法来降低风险。地震波可以由类似霰弹枪大小的弹匣向地面发射铅弹的装置产生而来，但所提供的能量相对较小，可能还需要枪支证书，至少在英国是这样。另一种方法是在小型螺旋钻中使用空枪弹，螺旋钻包含一个射击室，结合射击孔和射击。然而，它提供的能量很少能超过锤击的能量，而且不太容易重复。

11.2.4 安全

如果要观测几米深度上的折射或几十米深度上的反射，就必须向地下提供大量的能量，而这种操作本身是危险的。炸药的危险是最大的，但是站在即将释放的半吨重物之下也不安全。

炸药只能由有经验的人员（和有适当执照的人员）使用。即使这样也不一定能消除危险，因为采石场爆破专家在地震勘探的特殊条件下也往往缺乏经验。如果发生事故，大部分责任将不可避免地落在负责人身上，即使专门为此聘请了专家，如果他明智的话，也会亲自密切关注安全问题。

爆破工必须能够看到爆炸点，这是最基本的安全原则。遗憾的是，一些地震仪需要由仪器操作员触发，而仪器操作员很少能看到任何东西，他在任何情况下都会全神贯注于检查噪声水平。如果使用这样一种仪器，至少要保证有人能够阻止爆炸的发生，他离爆炸点要足够远以保证安全，但又要足够近以看到正在发生的情况。如果在给炸药孔装药后，雷管首先连接到20m或30m长的一次性电缆的一端，就可以实现这一点。只有当炸药点清晰可见时，电缆的另一端才应与发射单元的电缆连接。这样，可以随时将两根电缆分开，以阻止激发炸药。

除非使用的是"湿"的葛里炸药（炸药包中渗出的油性硝化甘油对即使是经验最少的人也足以发出警告了），否则现代炸药对热和冲击波都不敏感。雷管是造成事故最常见的原因。虽然它们的爆炸威力很小，但也炸掉过无数手指或手掌。如果它们本身作为低能量源被激发，应始终放置在夯实良好的孔中，因为其金属外壳的碎片会造成（人或物的）损坏或严重伤害。

雷管有可能（虽然不常见）被电力线或无线电传输产生的电流触发，但如果导线缠绕在一起，这种情况就不太可能发生。如果电路是闭合的，就可以防止静电触发。雷管中短路连接及缠绕在一起的引线两端只有在连接点火电缆的时候才应分开，而点火电缆本身应在远端短路。雷暴即将来临时，切勿使用爆炸品。

炸药的装药量必须与可用的炸药孔相匹配。深孔可以使用大药量，对地表没有明显的影响，但小于2m深的孔往往会被炸出来，碎片会大面积散落。只有经验才能估算保证安全的距离，但即使是经验丰富的用户也会犯错，应戴上安全帽和护目镜，并提供诸如墙壁、卡车或大树等实际遮蔽物。沉重的爆破垫可以减少震源向外喷发，但是它们的使用寿命往往很短，单独依靠它们是不明智的。

炮点被激发但未形成弹坑的地点，都有可能是假象。在人、动物或车辆的重压下，隐藏的空腔可能会坍塌，从而引起诉讼。

11.2.5 起跳时间

在所有地震勘探中，必须要知道地震波开始的时间。在一些仪器中，它在地震记录中显示为在某道（爆炸突变或时间突变）中的信号突变。在许多仪器上，它实际上定义了地震记录的开始。

时间突变脉冲可以用许多不同的方法产生。检波器可以放置在离震源很近的地方，尽管这在检波器上很难做到。爆炸源通常采用电点火，雷管电路中电流的停止流动可以提供所需的信号。或者，可以在主炸药周围绕一圈电线，以便在爆炸瞬间折断。这种技术可在使用点燃引线来引爆炸药的罕见情况下使用。

锤击勘探通常依靠接通回路而不是破坏回路。一种方法是将锤头连接到触发电路的一侧，将锤击板（假设是金属而不是橡胶）连接到另一侧。虽然这听起来简单而又万无一失，但在实际应用中，各种连接所遭受的反复冲击对于长期可靠性来说是太严重了。无论如何，这些锤击板本身的寿命相当短，之后必须建立新的连接。更实际的做法是在锤柄的后面安装一个继电器，就在锤头的后面，当锤击板面时，继电器会瞬间关闭（图11.6）。如果锤子用错了方向，它会很晚闭合，或者根本不会闭合。一些地震仪制造商销售的固态开关可以提供更多可重复的结果，但价格昂贵，而且相当容易损坏。

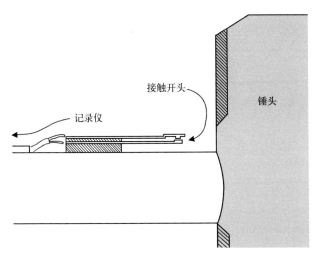

图11.6 大锤手柄背面的"邮局继电器"（Post–office relay）冲击开关

将锤子上的触发开关和记录仪连接起来的电缆总是很脆弱，容易在锤击前与锤击板缠绕在一起。如果它被弄断了，通常会要求肇事者修复所有故障。

如果震源是一个从相当高的高度落下的重物，继电器开关可以连接到其顶部表面，但如果降落路线不是绝对垂直，则有可能不会被触发。图11.7显示了一种粗糙但更可靠的自制装置，它可以附着在任何重物上。

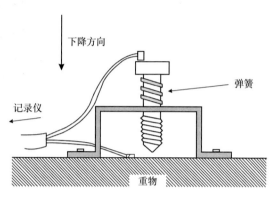

图11.7　重锤接触开关

撞击时，螺栓的惯性压缩弹簧，并与重物的上表面接触

时间突变脉冲可能强到足以对其他通道产生干扰（串扰；见下文第11.3.5节）。因此，触发电缆和电路应远离数据线。

11.3　地震波探测

陆地地震探测器称为检波器，海洋地震探测器称为水听器。二者都能将机械能转换成电信号。地震检波器的定位通常是将一根固定在套管上的螺钉牢牢地压入地面，但在裸岩上工作时，可能有必要将螺钉拧松，并使用某种形式的黏合剂垫或腻子。水听器可以简单地拖在船的后面。

11.3.1　检波器

检波器由缠绕在高磁导率磁芯上的线圈和悬浮在永磁体磁场中的弹簧片组成（图11.8）。如果线圈相对于磁体运动，就会产生电压，电流就会在外部电路中流动。电流与线圈通过磁场的速度成正比，因此记录的是地面运动，而不是地面位移。在大多数情况下，线圈嵌在中间以便它可以自由垂直振动，因为这样可以给出针对从界面近乎垂直上升的P波的最大敏感度，即反射和临界折射（但不是直接）的P波。这些检波器在正常连接时，会对折射和反射产生负的初至脉冲（突变），但对直达波则可能以任意一种方式产生突变信号。在使用大偏移距的反射工作中，或者在上覆地层和较深折射层之间速度对比较小的折射工作中，上升的波阵面与垂直方向形成相对较大的角度，此时检波器分辨S波和P波的效果就不太好。

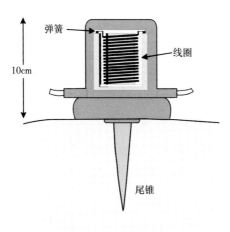

图11.8　动圈检波器

检波器线圈的电阻约为400Ω，其阻尼很大程度上取决于与检波器线圈相连的电路的阻抗。线圈与套管的相对运动也受悬架系统固有振动频率的影响。对于共振以上的频率，其响应近似地复制了地面运动，但共振频率以下的信号衰减严重。标准检波器通常在10Hz或10Hz以下产生共振，这远远低于小型测量中有用的频率。典型的10Hz检波器的响应曲线如图11.9所示。

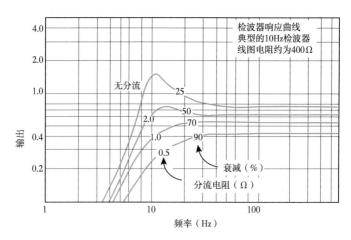

图11.9　典型动圈检波器的频率响应

阻尼程度不仅取决于与地震检波器并联的分流电阻的值，还取决于记录器的输入电阻；
"无分流"对应于无限的分流电阻

检波器非常坚固，这也是因为考虑到了经常使用它们的方式。即便如此，如果随意地把它们从卡车上扔到地上的乱堆里，它们的使用寿命也会缩短。可以购买或制作框架，将其夹在框架上进行携带（图11.10），但这些只有在实际使用的情况下才是很好的投资。

图11.10　使用中的地震检波器支撑架（巴布亚新几内亚）

陆地上的野外工作人员在用手一个一个地放置检波器时所消耗的力气，使海上施工的工作人员感到惊讶，对他们来说，只需要简单地将水听器拖过水面即可。开发类似的陆用系统并不容易，这是因为检波器与振动地面的耦合性较差，背景噪声较高、电缆中存在电气和机械串扰，以及机械磨损，但这是一个发展迅速的设计领域。目前，拖缆主要用于面波的研究（见下文第14章），其中振幅可能比体波大一个数量级，通常使用短距离排列长度和近距离摆放的检波器。

11.3.2 S波探测

虽然在大多数地震工作中，横波被认为是噪声，但在某些情况下，也会专门用来寻找横波信息。例如，S波速度和P波速度是决定弹性特性所必需的（参见第11.1.2节），S波有时更适合在嘈杂环境中进行高分辨率反射勘探（见下文第12.2.7节）。

"横波"检波器的线圈是水平移动的，而不是垂直移动的，其假设任何感兴趣的波阵面都或多或少是垂直上升的，因此横波振动处于与地表相同的平面上。当然，知道这一点并不能确定振动的方向，振动的方向可能是由震源的工作方式决定的，但也可能是完全未知的。有时需要在每个位置上使用两个互相垂直的横波检波器。

正因为直达波平行于地表传播，所以横波检波器对直达P波比直达横波更敏感，就像纵波检波器对垂直极化的直达横波敏感一样。

11.3.3 在沼泽和水中探测

普通的地震检波器是防雨的，但不是防水的，它们通过鳄鱼夹与电缆相连。地震检波器也可以完全密封在防水箱内，用于沼泽地。它们没有外部的尖刺，但是做成的形状使之很容易被压进泥里。

运动敏感的仪器不能在水中使用。压电水听器对压力的变化而不是运动的变化做出反应，且在各个方向上都同样灵敏。由于横波不能在流体中传播，所以不需要分辨P波和S波。

11.3.4　噪声

任何不属于信号的振动都是噪声。噪声是不可避免的，相干噪声是由炮本身产生的。S波、勒夫波、瑞雷波和地表不规则物体的反射波都是纵波测量中的相干噪声。在浅层折射的工作中，这些迟来的但几乎是高能的波，通常妨碍了初至波能量以外的其他有效信号的使用。

不是由震源激发产生的噪声称为随机噪声。交通工具、动物和人的移动都会产生随机的噪声，但可在不同程度上对其进行控制。通过使用哨子或汽笛发出警告，至少应该有可能阻止勘探队的人员发出的此类噪声。

植被在风中移动和干扰地面也会产生随机噪声。可以将检波器放置在远离树木和灌木丛的地方来减少这种影响，有时也可以清除掉较小的植物。把记录噪声较大的检波器移动几厘米，往往可以取得显著的改善。检波器放置方式也很重要。在坚硬的地面上，要把一根钉子完全插进去可能不容易，但高出地面几厘米的检波器会在风中振动。

11.3.5　地震线缆

地震信号以不同的电流从检波器传送到记录仪，在电缆中，单个导线的数量必须是检波器的两倍。电线必须非常紧密地组合在一起，不仅外部电流载体（如输电线和电话线）可以感应电流，一根电线中的一个非常强的信号也可以感应地传递给所有其他的电线。由靠近震源的检波器记录的强信号产生的这种"串扰"可能会特别严重，甚至可能需要断开这些信号以获得其他通道的良好记录。

串扰的数量通常随着电缆的老化而增加，这可能是由于外部绝缘罩内的湿气逐渐积聚所致，最终这样的电缆只能丢弃掉。

电缆和插头是地震系统中最脆弱的部分，在它们相连的地方尤其如此。这值得我们非常小心。将电线重新焊接到一个有24个或更多连接的插头上既不容易也不有趣。

大多数电缆都是双头的，允许任意一端连接到接收器。如果电线断了，只有一端的连接会受到影响，如果电缆接反了，可能会得到"死"道。通常在执行此操作时还会发现其他死道。

11.4　记录地震信号

记录地震信号的仪器称为地震仪。地震仪的范围从只记录单个事件的计时器，到同时数字化、过滤和存储多个检波器发出的信号的复杂单元。

11.4.1　单通道地震记录仪

最基本的地震计时器曾经很流行，它能简单地显示第一个主要能量脉冲的传播时间。更复杂的仪器有显示屏幕，屏幕的左侧边缘定义了震源激发或撞击的瞬间，时间范围通过开关或键盘来选择。（地震波）旅行时间是直接在屏幕上测量的，使用的光标可以在屏幕上移动，而对应位置的时间就能显示出来。噪声水平可以在没有震源脉冲的情况下，通过观察跟踪地震道来监测。通常可以将信号的数字版本存储在固态存储器中，硬拷贝不太常用。重复信号可以替换存储器中的信号，也可以叠加在信号中。理论上，任何 n 个信号都可以用这种方式求和（叠加），这样理论上能将信噪比提高（增强）$\sqrt{n}$。

能够显示和汇总信号的仪器明显优于计时器，可以用来研究除直达波以外的有效信号。然而，它们只在浅层折射工作中有用，因为在一个地震道中几乎不可能区分直达波、折射波和反射波。锤击源是通用的方法，因为使用炸药来获得如此少量的数据既昂贵又低效。

11.4.2　多通道地震数据

12道或24道地震仪一般用来进行浅层测量，而深层反射工作一般采用96道或以上的地震仪。由于有多个通道，可以同时研究折射和反射，并且可以合理地使用炸药，因为当每炮能产生许多地震道时，每次爆炸的成本就不那么重要了。功能强大的微型计算机被集成到大多数现代仪器中，同时配备有高容量存储闪存驱动器来存放数据。数字化记录几乎是通用的，显示格式可以多种多样，可以选择单个的地震道进行增强、替换或保存。地震道可以在存储到内存之前或之后进行放大，时间偏移量可以用来显示长时间延迟后发生的事件。滤波器可以用来减少高频随机噪声和不明来源的长周期噪声，这些噪声在显示时有时会影响到来自一个或两个检波器的地震道，模糊其他地震道信号。菜单驱动的软件可以提供令人眼花缭乱的采集和处理选项，有时使用这些仪器进行常规、直接的勘探工作是困难和费时的。在实践中，实地条件很少能充分利用所有可用的选择，在能够收集新数据的时候，让机器忙于处理工作也不是一种有效的办法。数字存储允许将这些地震道记录保存起来，以便在普通个人电脑上进一步处理，无论是在野外基地还是在办公室里。

模拟记录的一个缺点是，在磁带噪声引起的低振幅和磁场饱和引起的高振幅下，能够以可接受的精度记录数据的振幅范围（动态范围）是有限的。因此，在记录前通过自动增益控制（AGC）使记录的信号振幅保持大致恒定，但这会使信号失真。数字记录消除了AGC的需要，因为当数据以固定精度的数字加指数的形式存储时，可以使用非常大的动态范围（例如11.2）。

例11.2　动态范围和数字记录

在数字系统中，数据以数值加指数的形式记录，指数是其他数值的幂，数值中重要数字要乘上它。因此，数值46789和0.000046789需要一个非常大的动态范围的模拟存储系统，可以用工程表示法来写，它使用10的幂，如

$$4.6789 \times 10^4 \text{和} 4.6789 \times 10^{-5}$$

在这两种情况下准确的百分比是相同的。数字数据通常以二进制格式记录，指数在−128和+127之间，为2的幂，即大约在10^{-38}和10^{+38}之间。

11.4.3　地震记录

大多数现代地震仪可以提供可选的硬拷贝和屏幕显示。下文图13.2所示的折射测量记录为24个检波器在距离震源依次较远的点上记录的信号，远端检波器记录的道数据做了适当放大以补偿衰减。不可避免地，放大信号也放大了噪声。

在野外，信号到达时间可以从屏幕上估计，但这从来都不容易，也不方便。另一方面，从仪器直接得到的硬拷贝往往质量相当差，点矩阵输出就属于这种现象，如下文图13.11所示，其中矩阵大小导致本应是平滑的曲线呈现出不规则性。在野外基地配备一台合理的打印机，再配上一台装有处理软件的笔记本电脑是值得的。然而，不制作和保存现场硬拷贝也是不明智的。

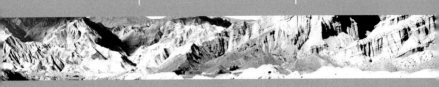

12

地震
反射波

地震反射法吸收了全世界用于应用地球物理的90%以上的资金。大多数勘探的目的是用几百甚至几千个探测器来确定几千米深处的含油构造，这超出了本书的范围。然而，一些反射工作是由小型野外工作队进行的，他们探测的深度最多只有几百米。在这些探测中使用的仪器最初非常简单，但现在可能具有与30年前的大型地震数据处理实验室一样的处理能力，现场操作员需要对为何有这么多选项的原因有所了解。

12.1 反射理论

在第11章中介绍的射线路径图，提供了反射波产生的时间，但没有给出振幅的指示。

12.1.1 反射系数和声阻抗

岩石的声阻抗通常用 I 表示，等于岩石的密度乘以地震波纵波速度。若地震波前垂直入射（以直角入射）在具有阻抗 I_1 和 I_2 的两个岩层的平面界面上，则反射系数（RC）为反射波振幅与入射波振幅之比，由下式给出：

$$RC = (I_2 - I_1)/(I_2 + I_1)$$

如果 I_1 大于 I_2，该系数是负值，波会保留原有的相位反射，也就是说，如果一个正的脉冲发送过来，一个负的脉冲会返回去，反之亦然。

反射的能量随着入射角的增大先减小后增大。如果第二种介质的速度大于第一种介质的速度，则最终会产生全反射，没有透射波（参见第11.1.5节）。然而，大多数小尺度勘探使用的是近乎垂直入射情况下的反射波。

12.1.2 正常时差校正（动校正）

因为震源点位置上的检波器很可能会被震源损坏，并且一定会产生剧烈的振荡，使整个记录无法使用。所以勘探工作中不会用到真正的法向入射射线。由此原因导致检波器偏离震源，必须对旅行时间进行几何校正。

图12.1显示了来自水平界面（深度d）到距离震源x处的检波器的反射。应用毕达哥拉斯（Pythagoras）定理，建立了运动时间T与法向入射时间 T_0 之间的精确双曲线方程。对于较小的偏移量，精确的方程可以用抛物线近似代替，后者给出了法向时差（NMO）即 $T-T_0$，它可以直接作为速度、反射时间和偏移量的函数：

$$\Delta T = T - T_0 = x^2 / 2v^2 T_0$$

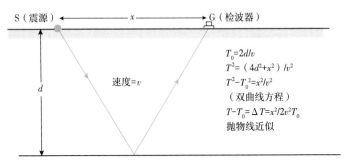

T_0—垂直入射时间；d—深度；x—距离震源的距离

图12.1　水平层状反射地层正常时差校正公式的推导

由于v通常随深度增加而增加，而T_0亦是如此，因此NMO会随深度增加而减少（即NMO曲线变平）。

在许多多通道记录上可以看到与曲线对齐的反射信号（图12.2）。曲率是区分浅层反射和折射最可靠的方法。

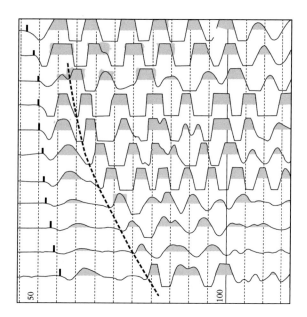

图12.2　地震记录中的反射波

放大的地震仪记录显示了与弯曲线（黑色虚线）对齐的反射；更早的、负极性的
拾取信号是由直达波产生的；图中使用了变面积的显示方法，尽管在地震道
重叠的地方丢失了一些信息，但由于该方法加强了道与道之间信号的相关性，
因此在反射波研究中经常用到

12.1.3　Dix速度

如果在反射面之上还存在几个不同的地层，NMO方程给出的
均方根（RMS）速度定义为：

$$v_{\mathrm{RMS}}^2 = \left(v_1^2 t_1 + v_2^2 t_2 + \cdots + v_n^2 t_n \right) / T_n$$

其中t_n是以速度v_n在第n层中的传播时间，T_n是传播到第n层底的
总时间。层速度可以用Dix公式从RMS速度计算得出：

$$v_{\mathrm{DIX}}^2 = \left(v_{n-1}^2 T_{n-1} - v_n^2 T_n \right) / \left(T_{n-1} - T_n \right)$$

下标$n-1$和n分别表示第n层的顶和底。RMS速度比真正的平均速度要略高一点，这是因为对高速度的平方会增加它们在平均速度中的影响。如果直接使用均方根速度进行深度估计，可能会产生较大的误差，但如果与之有关的界面不是水平的，这些误差很可能小于首先使用NMO方程所造成的误差。在这些情况下，Dix转换可能没有多大帮助。

12.1.4　倾角的影响

如果震源位于检波器排列的中心，在水平界面上得到的曲线在震源点附近是对称的。但是，如果反射面有相同的倾角α，在炮点上倾一侧上减少的路径在一定程度上补偿偏移距的影响，其中一些射线的旅行时还会小于法向入射的时间（图12.3）。最小时间$2d \cdot \cos\alpha / v$是在上倾方向上的一个距离炮点为$2d \cdot \sin\alpha$的位置上记录的，反射射线垂直上升到这一点，在这一点上运动曲线是对称的。

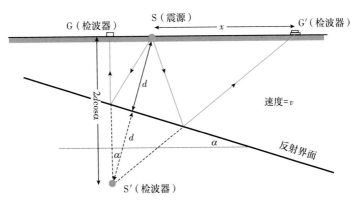

图12.3　倾角对单次覆盖记录的影响示意图

射线在倾斜界面上产生反射，好像来自地表之下深度为$2d \cdot \cos\alpha$的成像点S'，其中d是从炮点到倾斜界面的垂直距离；法向入射旅行时为$2d / v$，反射后射线垂直于地表的入射光传播时间最短；一个相同的双曲线时差是由射击点G和水平面深度$d \cdot \cos\alpha$产生的在浅层反射勘探中，倾角效应只能在非常大的倾角或非常长的排列中检测到。

12.1.5 多次反射波

从地下界面以强振幅向上反射的波可以在地面反射回去，然后从同一界面反射回来。这是一个简单的多次波。两个强反射面可以产生微屈多次波（peg-leg）和层间多次波（图12.4）。

对于单个地震道，很难确定多次波。它们有时可以在多通道记录中识别出来，因为它们有适合于浅层反射的时差，并且与它们的一次反射波存在简单时间关系。例如，图12.4a中简单多次波的到达时间大约是一次反射到达时间的两倍。

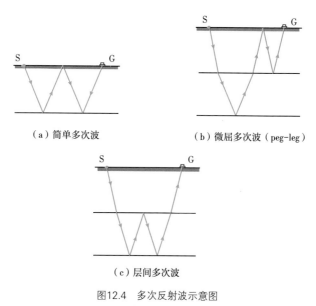

（a）简单多次波 （b）微屈多次波（peg-leg）

（c）层间多次波

图12.4 多次反射波示意图

12.2 反射波勘探

反射波不是初至波，所以很少看到轮廓干脆的反射同相轴。石油工业提高信噪比的技术现在也可应用于浅层工作，所使用程序的简化版本已并入最新一代12道和24道地震仪所提供的软件中。

12.2.1 排列长度

在浅反射测量中，从震源到最近的检波器的距离通常取决于震源的强度（以及保护检波器的需要），当使用锤击时，距离可能只有2m。即使有炸药或重物下落，在观测浅反射时，超过10m的最小偏移量也是不常见的。

用于探测相似深度时，反射波排列比折射波排列长度要短得多，但由于震源强大以及多通道记录的使用，最远的检波器距离震源可能超过100m。最优排列长度只能通过实验来确定，因为最重要的因素是与直达波和强折射波相关的噪声序列的到达时间。野外工作应首先进行专门设计的试验，通常是使用延长的排列以检查这些波的到达时间。

12.2.2 阵列

理想情况下，反射的能量应该在直达波、地滚波和折射波通过后才到达，但如果探测的深度非常小，就不是这样了。在这种情况下，几个检波器可以以阵列的形式连接到每个记录通道。反射波几乎以垂直传播方式，同时到达阵列中的所有检波器，但直达波到达的时间不同，产生的信号可能会产生相消干涉。

阵列中地震波衰减的效率是由其相对效应（RE）与阵列中心放置相同数量的检波器的效应所决定。图12.5表示的是，对于在一条指向炮点的直线上等距排列的五个检波器的线性阵列，RE随视波长L（这里测量的单位是检波器间距的倍数，直达波等于真波长）而变化。一个为2m等距的检波器阵列就是一个例子，L值在1.2~7m之间，即在2.4~14m的实际视波长之间，衰减较强。频率在

200~35Hz之间的500m/s的直达波将急剧衰减。

非线性阵列会产生更复杂的曲线，而且也可能表现得更好。但人们更倾向于使用简单阵列，这是由于在设置时不容易出错。直达波衰减的频率范围与阵列长度成正比，可能需要在相邻阵列中重叠检波器。在浅层勘探中，一个阵列中很少有五个以上的检波器。

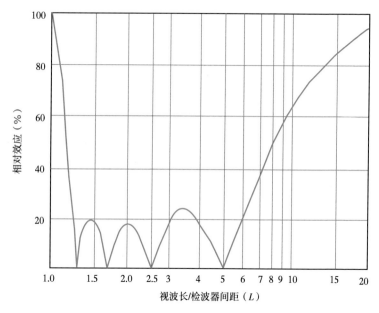

图12.5　阵列中地震波衰减示意图

五个等距线性阵列的相对效应（RE）图视波长等于实际波长除以波前和地表夹角的正弦；对于直达波，它等于直达波的真波长，对于垂直上升的地震波，其为无穷大；当检波器之间的间距为零时，以及视波长等于电极间距（$L=1$）时，均可获得100%的RE

12.2.3　炮点阵列

使用12道或24道地震仪的地震电缆在设计时并没有考虑到阵列，而且可能需要制作非标准连接器来连接检波器和电缆。使用炮点阵列来替代检波点阵列可能更容易。

使用炸药的震源组合通常包括同时引爆与传统检波器阵列相似排列方式的炸药。如果将冲击源与增强仪器一起使用，将不同位置的冲击结果相加，可以得到相同的效果。这是使用锤子时减少面波影响的最简单的方法。

12.2.4 共中心点激发

通过叠加几个道（叠加）来提高信噪比是深层反射勘探的基础。在浅层勘探中，这种技术最初只用于叠加（增强）在相同震源和探测器位置上获得的结果。然而，现在数据通常是数字记录的，NMO校正可以应用于不同的震源—接收器组合产生的地震道。通常使用的技术是收集具有相同震源—接收器中点（共中点或CMP）的地震道，应用校正，然后叠加。

在CMP叠加中收集到的地震道数量定义了覆盖次数。三个地震道组成一个合成的零偏移距道，构成一个三次覆盖的叠加，也就是说可以提供300%的覆盖。除非炮点和检波器按照检波器间距的几分之一的距离一起移动（在海洋测量中很容易做到，但在陆地上不容易做到），否则所能获得的最大覆盖数等于数据通道数的一半。

图12.6显示了使用六通道仪器获得300%覆盖时连续的检波器和震源位置。特殊的电缆和开关电路可用于深反射勘探，但使用用于浅反射勘探的仪器的 CMP野外工作可能非常缓慢和费力。因为几个不同震源的地震道必须结合起来，CMP处理一般不能在现场进行。

由于炮点位置和检波器位置的变化，CMP道集的几何关系（图12.7）不同于单次覆盖，因此倾角的影响也不同。叠加的目的是产生一个低噪声地震道，它近似于垂直入射的地震道，即产生的地震道的震源和检波器在中心点重合，并且与该道相关的深度也是直线距离d。然而，与图12.3所示的情况相比，最小时间与垂直入射射线有关，射线旅行距离为$2d$。图12.7所示的方程用$x \cdot \cos\alpha$代替NMO方程中的偏移量"x"，界面倾角为α，因此从CMP叠加中推导出的速度等于$v/\cos\alpha$。它总是大于v，但一般是不知道大多少，至少在一个探区的早期阶段的工作中是这样，因为α通常是未知的。

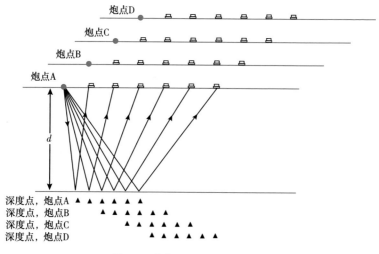

图12.6　共中心点（CMP）原理图

用于六通道系统的三次覆盖；炮点A、B、C和D逐渐向右，每次移动一个检波器组间隔；注意，界面上反射点（深度点）之间的距离仅为表面检波器组之间距离的一半；震源A和D没有共同的深度点

目前用CMP这一简称替换了之前用于相同方法的CDP（共深度点）。前者更为可取，因为将深度点（反射点）标记为"共同"意味着道集中的所有反射都来自地下界面上的同一点，这仅适用于水平界面。

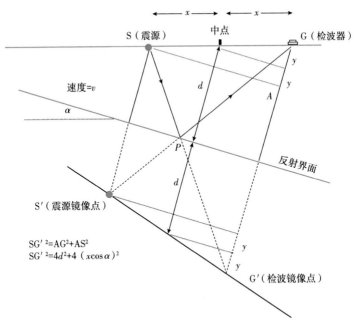

图12.7　共中点（CMP）激发中倾角的影响示意图

相对于单次覆盖激发（参见图12.3），不同的地震道的炮点和检波器位置不同；炮点和检波点位置可以互换，反射面上的"深度点"P随着偏移量的增加而向上倾斜；注意到从震源到检波点的路径在长度上等于路径SG'，即从震源道检波点的镜像点，并且相似三角形之间的几何关系意味着所有标记为y的长度都相同，因此校正方程便很容易得到；AG'=2d；在三角形SG'A上应用毕达哥拉斯关系可以得到SG'，因此时间可以通过用距离除以速度v得到；这样，$T_0=2d/v$，$T=SG'/v$

12.2.5　深度转换

反射同相轴不是在深度上记录的，而是在双程时间（TWT）上记录的。速度是将时间转换为深度所必需的，但是从NMO曲线（参见第12.1.3节）得到的Dix速度可能有10%~20%的误差，即使对于水平反射层也是如此，在涉及倾角的情况下误差更大。解释应尽可能根据钻孔数据进行标定，现场工作人员应该时刻注意寻找直接测量垂直速度的机会。

12.2.6 几何形变

地震反射数据通常以剖面的形式呈现，由相邻的在绘图纸上垂直向下的CMP道集组成。这类剖面易受几何变形的影响。在第10.3.2节描述为影响雷达剖面的假象，如错位的反射层、绕射现象和"领结"之类的假象，也出现在地震图像上（图12.8）。

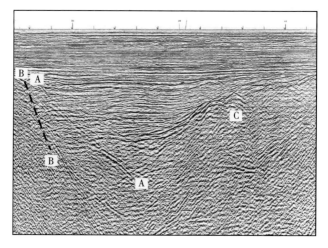

图12.8 地震剖面的几何畸变

这幅图像是不整合面下的一个小型地堑结构；根据代表地堑内泥沙淤积的各水平反射面的端点位置，可以估算出真实断裂面BB的位置（虚线表示）；同相轴AA为BB的地震图像，但是移位了，因为用于显示数据的技术假设反射是由地表点以下垂直方向的点产生的，而实际上它们是由法向入射的射线产生的，如果从倾斜的界面反射，这些射线就会倾向于垂直方向；断层和地堑对面的反射在下方符号"A"附近交叉，形成一个"领结"；"C"点附近的凸起向上反射是断层块边缘产生的衍射图样；参见第10.3.2节的讨论

12.2.7 横波的使用

正如第11.1.2节所讨论的，横波比纵波传播得慢。在许多材料中，速度比约为1∶2。这意味着，S波的波长将明显小于等效P波的波长，而使用S波可以获得更高的分辨率。这在浅层反射测量中非

常有用。此外，S波不像P波那么容易产生，在交通噪声中只出现了很小的一部分，这使得它们非常适合城市环境的调查。在一些勘探中，横波的另一个优点是它们不会在水中传播。因此，它们不会在潜水面改变速度（例如，对于例11.1中的横波，$v_水$将为零），而且那里不会产生横波反射。这可能是有用的，因为使用P波时潜水面可能难以穿透。

可以通过将一个长钉钉入地面并用锤子从侧面敲击产生横波。这种方式很少有效。图12.9所示的S波源使用的扫描频率为30~350Hz，周期为6s。在松软的地面上，振动器的底座上有尖刺，用来将振动器与地面连接起来。在柏油碎石和其他坚硬的表面上，去除尖刺，振动器通过从基座上伸出的一系列螺柱与地面耦合。如果勘探队的成员站在振动器上，则耦合将得到进一步的改进。

图12.9　微震横波（SH）反射源

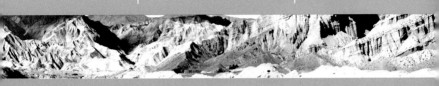

13

地震
折射波

折射波勘探被广泛用于研究潜水面或出于工程施工的目的用于研究近地表的松散地层，在基于深层反射波的工作中，它也被用于确定近地表低速层（LVL）的校正量。折射波旅行时常常仅有数十毫秒，因此不管是不同类型的地震波到达时间，或是沿着不同路径旅行的地震波到达时间，都几乎无法区分开来。通常只有初至（一般来自P波）可以准确地拾取得到。

13.1 折射波勘探

理想情况下，在小折射勘探中研究的界面应该是浅的，基本上是平面的，并且地层倾角应小于10°。如果速度在每个界面上随着深度增大而增大，那么在地表随着偏离炮点距离的增大，就会接收到来自连续的深部地层界面的初至波。勘探结果显示为由距离（水平方向）和到达时间（垂直方向）构成的图像。这张图像上的任意直线的斜率是某一个速度的倒数，比如，一个陡坡斜率对应着一个较慢的速度。

13.1.1 主要的折射界面

图11.2中列出了常见岩石的P波速度。在浅层折射波勘探工作中，常将地表考虑成由干燥上覆层、潮湿上覆层及风化和新鲜的基岩层构成的地层，处理三层以上的岩层分界面是很难的。

干燥上覆地层的P波速度有时可以低至350m/s，即空气中的声波速度，并且很少超过800m/s，该速度通常随着深度的增大很缓慢地增加，这种变化甚至难以测量。然后在潜水面突然增大到1500~1800m/s。

新鲜基岩层的P波速度一般在2500m/s，但是很可能被一个过渡风化层所覆盖。在过渡风化层，最初的速度可能小于2000m/s，并随着深度和风化程度的减弱而增大。

13.1.2 临界折射和头波

根据斯奈尔定律（参见第11.1.5节），如果图11.3中$\sin i = v_1/v_2$（这种情况仅当v_2大于v_1时才可能发生），那么折射射线将沿着平行于界面的方向以速度v_2前行。

发生临界折射后，一些能量会返回地表，它们被称为头波，由以临界角离开界面的射线表示。这个平面波前以速度v_1穿过上覆地层，但由于它是倾斜的，看起来像是以速度v_2在地表横向移动；在界面以下，波前也是以该速度扩散。因此，尽管它的旅行路径更长，它最终会赶上并超过直达波。如果直达波旅行时和折射波旅行时相等，这时的交叉或临界距离可表示为

$$x_c = 2d\sqrt{(v_2 + v_1)/(v_2 - v_1)}$$

这个距离可以通过一个旅行时间和距离的图表来估计（$t-d$图）。它通常大于界面深度的两倍，如果界面很深或者速度差异很小，这个距离也会较大。折射波解释的一些简单方法会使用这个距离或者交叉时间，后者等于交叉距离除以直达波速度。

这里说的"临界距离"也常常用于确定折射波返回地表处的最小距离，也就是说，从炮点到反射波在临界角之后的能量出射点的距离。但这种用法在野外现场并不常用，因为在这一点以及之后的一段距离内，折射波到达时间晚于直达波到达时间，并且也难于观测。使用"交叉"这个术语来代替可以避免这种歧义。

如果涉及的界面多于一个（图13.1）会产生多个头波。来自第n个界面的头波与地表形成的角度i_n由下式确定：

$$\sin i_n = v_1 / v_n$$

这个角度，也就是一条射线必须在这个角度上离开震源，以便在第 n 个界面产生临界折射，仅仅依赖于最上面一层和最下面一层的速度，和这两层之间的速度没有关系。对于每一个界面，存在一个相应的交叉距离，但是如果有多个地层的话，交叉点就会难以精确定位，并且会优先考虑在第13.2节中讨论的广义互换法（初至时间截距法）。

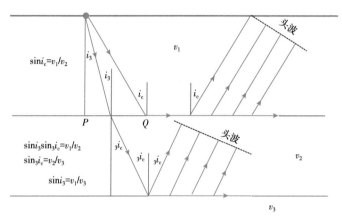

图13.1　存在两个界面时的临界折射示意图

这些角度和速度之间的所有关系都遵守斯奈尔定律

13.1.3　折射波排列的长度

为进行折射波勘探而摆放的一条检波器接收线被称为一个"排列（spread）""组合（array）"是保留给多个检波器的一个术语，用来提供一个记录道。在反射波工作中常用到的多个组合在折射波勘探中很少见，因为后者需要尽可能灵敏的初至。

如果排列的长度大约是交叉距离的三倍，就能得到直达波中的足够信息和折射界面的合理覆盖次数。一个简单但是常常不太准确的经验准则是：排列长度应该是目标折射界面深度的八倍。

13.1.4 炮点定位

在大多数折射波勘探中，近距炮在距离检波线排列的末端很近的位置激发。如果这些炮点都正好在各自尾部检波器所在的位置，那么炮点之间的旅行时间可以被直接记录下来，这时解释工作可以变得简化。如果使用这套系统，正常情况下在近距炮位置上的检波器在炮点真正激发之前应该沿着测线上的下一个检波器的方向移动一半的距离，炮点激发后再将其移回。这样就能避免损坏检波器，同时在直达波中也能得到一些额外的信息。

长距炮摆放在距离检波器排列足够远的地方，以便所有的初至都经过最深的折射界面，这时可能需要短距炮数据来确定最小可接受的长距炮偏移距。在一个折射波勘探系统中，如果一个排列的长距炮位置是下个排列的短距炮或中心炮位置，那么仅当得到连续覆盖数据后，到长距炮的距离才需要准确测量。如果使用炸药，并且允许在水中激发的话，那么就值得使用长偏移距（参见第11.2.3节）。

13.1.5 中心炮

可以通过一个中心炮为传统的四炮模式提供补充信息。如果在排列互为相反方向末端的解释存在显著差异，那么中心炮就会特别有用（尤其是当这些差异意味着存在不同的折射界面时）。中心炮可以实现以下任务：获得一个更加可靠的沿着中间折射界面的速度估计，或者监测那些在排列尾部被更深层折射隐藏的中间层的厚度。此外也可以得到可靠的深度估算值，而这不依赖于其他一些方法所使用的假设条件，在那些方法中不同地层的厚度沿着排列变化。此外，在直达波速度上有更多的数据。在排列很长时，当其他炮点位置（见图 13.2中的例子）对应的地下特定区域（见图13.3说明中的讨论）存在地层条件的快速变化时，有可能使用其他炮点位置，以得到更好的结果。

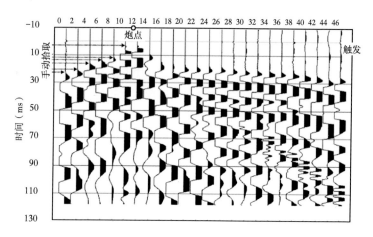

图13.2　24道折射波记录

道距2m，炮点在第六道和第七道之间激发；在负（向右）脉冲的起跳点上手工
拾取的初至仅在前六道使用箭头做了标记；这一张记录会被认为是不错的，
通常必须得做出更多艰难的判断

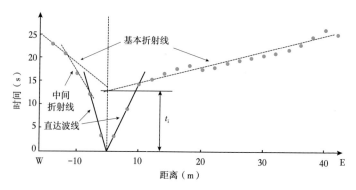

图13.3　与图13.2中的记录对应的时距关系图

看起来在炮点西侧存在一个额外的折射界面，由此确定该点所在位置之下的地层
存在快速变化；"截距时间"，t_i，代表在东侧绘制的折射界面，大致上是由穿过
折射初至时间点的"最佳拟合"直线与通过炮点的垂直线的交叉点给出的；然后
这个点就可以用来确定西侧中的哪一些初至来自哪一个反射层

中心炮和其他一些额外的炮记录应该得到更多的应用。通过铺设排列可以用较低的成本得到额外的和可能出现的重要信息，与此相比，其他额外的努力都是微不足道的。

13.1.6 野外记录的标记

每一天的工作会产生几十个炮记录，其中既包括重复炮、检查炮、测试炮，也包括已完成的一些不同的排列，为了避免混淆，必须细心地对每一炮做好标记。这些标记（元数据）应该包括数据和测量员的名字，以及工区位置和排列号。还应该记录方向、第一个检波器的位置。除非检波器间距是绝对的统一，否则还需要增加一个标记有炮点和检波器位置的草图。如果记录上的时间线之间的间隔可变，并且（或者）能够使用可变时间偏移量，那么应该标记这些设置。现代化的设备存储数字化的数据（也包括设备的设置），但是硬拷贝记录能够也应该利用目前在浅层折射勘探中使用的大多数地震仪器在野外绘制出来。

其他条目是可选的。放大增益和滤波设置通常不会经常记录在笔记本中，但是这些信息有时是有用的。在一个记录中的炮或冲击的数量也可能很重要。当然，一些特殊的信息，比如在一些位置点上使用的S波检波器，或者一些检波器所在位置的特殊性等，都应该记录下来。

上面列出的大部分元数据会被打印到输出的硬拷贝记录上，但前提是要在开始时就将这些信息输入机器里。和简单地将这些信息手工写在每一个记录中相比，这通常是非常沉闷乏味和易出错的，但它对于识别数字存储器中的每一个单独的记录来说通常是至关重要的。

13.1.7　拾取折射波初至

在折射波记录中拾取初至时，通过手工拾取的可靠性要比计算机程序更好一些，但是如果数据的信噪比低的话，也会变得很困难。在形成的波列中，一些初至后面的波峰和波谷有可能会变得更强（图13.2），有时可能需要从这些部位估计初至的位置。然而，因为高频信号在大地中被有选择地吸收了，初至和特定的、后续到达的波峰之间的距离随着离开震源的距离的增大而增大。不仅如此，初至之后的地震道数据还会受到其他波至以及一次反射波列中的部分信号的影响，这都会修改波峰和波谷的位置。因此和直接拾取直达波相比，利用后至波的特点来估算初至常常不是一个好的替代方案。

13.1.8　时距图

所有折射波解释工作的第一步都是将波至时间（通常是初至时间）绘制到时距（t–d）图中（图13.3）。沿垂直方向可以测算出这些点的时间，沿着水平方向可以测算出这些点距离源点的距离，任何一条直线的斜率都和某个速度的倒数相对应。

如果波至时间落在一些清晰可辨的线段上，就可以画上多条最佳拟合线，这样就定义了不同的速度。事实上，如果使用了广义互换解释法（见下文第13.2.5节），这些步骤就不是必需的了；同样，像图13.3中那样，如果由于折射界面深度的变化，导致波至时间不规则分布的话，也难以用上述方法确定速度。最好是沿着直达波初至绘制线条（应该绘制在一条直线上），折射波至不要和它连在一起，或者使用临近的点用虚线连起来。

在广义互换解释方法中，一个排列中的所有数据绘制在一页上，上面的工区仅仅覆盖有相关检波器的范围（下文图13.9，附带例13.1）。不需要将图表扩展到长距炮的位置。因为至少要绘制四组波至，以及一组时间差，需要使用不同的颜色和符号区分不同的数据集。

13.2 解释

因为对折射波勘探的成功解释依赖于很多因素，如测线方向、检波器距离、炮点位置和排列长度等，而这些因素可能会任意变化，因此，第一遍快速解释是必要的。只有当分析工作跟得上数据的采集工作时，才能为接下来一天的工作做出正确决策。借助可以移植到便携式笔记本或者地震仪器上的计算机程序，野外解释工作已经变得简单了，大多数这类程序基于非常简单的模型，没有真正考虑到实际数据的情况。

13.2.1 截距时间

图13.3中逆向外推的折射波初至之所以在时距图中没有通过零点，是因为向下传播的能量需要一定的时间到达折射界面，并再次从折射界面向上反射到达检波器。对水平折射界面，这两段时间是相同的（图13.1），各自等于总的截距时间的一半，这是因为它们等于各自能量以速度v_1从S到Q传播时需要的时间，减去以速度v_2从P到Q所用的时间（图13.4）。通过三角函数可以得到这个时间等于：

$$\left[d / \left(v_1 \cdot \cos i_c \right) - d \cdot \tan i_c / v_2 \right]$$

然后只需要记住$\sin i_c = v_1 / v_2$，就得到截距时间：

$$t_i = 2d / v_{1,2}$$

其中，$v_{1,2} = v_1 v_2 / \sqrt{v_2{}^2 - v_1{}^2}$

$v_{1,2}$与速度的单位相同，并且当v_2远远大于v_1时约等于v_1。临界角接近90°，折射射线在地表和折射界面之间的旅行时大概等于垂直时间的两倍。如果v_1和v_2之间的差很小，$v_{1,2}$会变得很大。

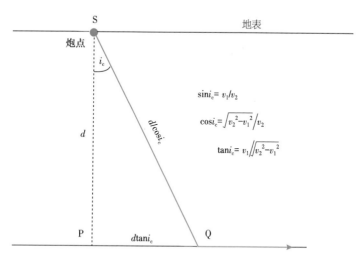

图13.4 用于计算截距时间的"魔术三角"示意图

v_1和v_2分别代表上层和下层的P波速度，i_c是临界角度；对于下面更多地层对应的折射临界角，可重复使用这个基于几何学的分析

$t-d$图中的截距时间可以通过在折射波初至时间上绘制一条最佳拟合线来估算（图13.3），但是即便是最好的一条拟合线，也无法保证折射界面的深度在炮点临近区域不存在变化，在这个区域无法观测到折射波。然而，如果同时有远距炮作为参考，在靠近排列远端的测量点上，长距炮和短距炮旅行时间的差异是一个常数（图13.5）。此时，截距时间可以通过从远距炮和短距炮位置上的旅行时减去上述常数差得到。如果当远距炮点激发时，近距炮点位置上存在有检波器，得到的截距时间就是准确的。否则，使用靠近短距炮位置上的检波器记录的远炮距时间至少会减少必须进行外推的

距离。严格地说，这个方法仅在如图13.5所示的从B到S_1的旅行时与从S_1到D的旅行时相同时才有效，但是在实际应用中，通过这种估算引起的误差通常是很小的。

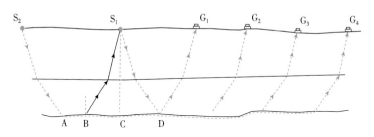

图13.5 三层情况下的远距炮和近距炮折射波旅行路径
地震波能量从S_1和S_2到任意一个检波器的旅行路径，一旦经过D点，二者都是相同的；
同时，从G_1开始，所有检波点上的远距炮和近距炮旅行时之差都相同

13.2.2 多个反射层的折射

截距时间计算公式可以扩展到包含多个地层的情况下。与第n个折射界面相关的截距时间可表示为：

$$t_n = 2d_1 / v_{1,n+1} + 2d_2 / v_{2,n+1} \cdots + \cdots 2d_n / v_{n,n+1}$$

其中，d_n是第n层的厚度，该层的底是第n个折射界面，速度在该折射界面从v_n增加到v_{n+1}。各个$v_{m,n}$的定义与之前使用的$v_{1,2}$完全一样。

中间层通常很明显，但有时只有通过对比远距炮和近距炮才能发现，这是因为远距炮和近距炮之间的常数时差仅当头波来自相同的折射界面时才存在。然而，在时间–距离图中至少两个点才能定义一个速度，在速度估算中至少需要三个点才可靠，因此，在一个12个接收道的系统中，最多只能轻松地解释出四层。

可以设计复杂的野外采集程序来克服这种限制，例如，检波器可以在炮点被激发后移动半个道间距，之后，在相同的炮点位置再

次激发一炮。这样会导致进展极度缓慢，由起伏的折射界面、隐藏地层、盲区（见下文第13.3节）导致的问题仍然存在。在大多数情况下，和那些确实能够实现的方法相比，在一个改动过的排列中激发多炮是从这种方法中获得更多信息的有效尝试。更好的办法是使用更小的检波器间距以及半连续的炮检组合方案，即随着排列的移动，在近距炮、远距炮甚至中心炮的情况下，重复使用一些炮点的位置。

13.2.3　倾角的影响

从折射波勘探估算得到的深度是基于检波点和炮点高程的，因此必须对它们进行测量以获得地下折射界面的真正图像。此外，由此得到的"深度"是与炮点或者检波点所在地表正交（而非与水平面垂直）的到折射界面的距离。在这个前提条件下，不管地表和折射面是否平行，"水平"公式无须修改就能使用。更多的情况下，它们的斜率是不一样的。这些公式不仅在水平地表和倾斜折射界面存在的情况下被经常用到，在另外一些情况下也同样适用，比如：地表面是倾斜的，而潜水面是水平的。

为了保证截距—时间公式发挥作用，必须使用v_2的真实值。然而，沿下倾方向传播的地震波不仅必须以速度v_2向前传播以到达更远距离处的检波器，也会以速度v_1在上覆地层中向前传播（图13.6），因此它到达的时间较晚，也就是说，它的视速度较慢。反之，对沿上倾方向激发的地震波也是如此，只有在极少数情况下，在较远处检波器上接收到的地震波至会比近距离处的检波器上接收的地震波至时间要短。在时距图上，穿过折射波至的直线的斜率根据下述公式可知，依赖于地层倾角α：

$$v_{app} = v_2 / (1 + \sin \alpha)$$

如果一个排列的两端都有炮点激发，当折射界面倾角的符号变化时，就会测量到不同的视速度，对于小于10°的倾角，真速度由下面的倾角—速度公式给出：

$$2/v_2 = 1/v_{up} + 1/v_{down}$$

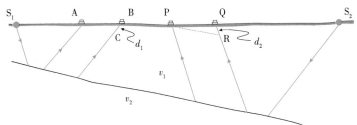

图13.6　在一个倾斜界面上的折射示意图

来自S_1的折射波能量到达B的时间晚于到达A的时间，这不仅是因为折射波以速度v_2沿着折射界面旅行了更远的距离，也因为还以较低的速度v_1旅行了额外的一段距离d_1（=BC）；另一方面，来自S_2的能量到达P的时间比预期的要更早一些，因为与从折射界面（AC和PR与之平行）到Q点相比，它少旅行了一段距离d_2（=QR）

13.2.4　折射界面的起伏和真速度

在图13.6中所示的情况下，对于每一个检波器接收到的波至时间，如果将来自长距炮的旅行时间从来自其他炮点的旅行时间中减掉，那么绘制出来的差异线将是一条直线，该直线的斜率等于每条直线的斜率之和，也就是说，等于$2/v_2$。这是倾角—速度方程的一个图形表达式。

大部分折射界面（除了潜水面）是不规则的。如果在一个原本水平的折射界面上只存在一个局部凹陷，在检波器中接收到的来自凹陷的折射波至会绘制在多条直线上，这些直线的斜率相同，就如上面所述，每个检波器上的两个长距炮波至之差将绘制在斜率为$2/v_2$的直线上。同样，这两个折射波到达凹陷正上方的一个检波器的时间要晚，并且，对于小倾角，这些延迟是相近的（图13.7）。

这样，如果没有凹陷的存在，这些波至时间的差值几乎是相同的，并且会落在由界面的水平部分产生的差异线（直的）上。从这个结果可以归纳出以下结论：对于一个不规则的折射界面，假如所有的倾角都很小，所有的时间差都会落在一条由折射速度的一半所定义的斜率的直线上。

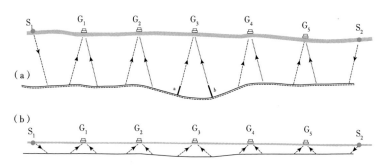

（a）基岩凹陷对旅行时间的影响；来自S_1和S_2的折射波在G_3处的波至延迟了大约相同的数量（a/v_1或者b/v_1）；像本章中的所有图表一样，用放大的纵向比例尺使旅行路径更加清楚；（b）揭示了检波器道距和折射层深度及梯度之间可能存在的关系的更真实图片，尽管仍然用到了放大的纵向比例尺

图13.7　起伏界面对折射波的影响

上面所述的方法通常比定量"证据"（以及图13.7中人为定义的检波器的位置）所建议的效果要好得多。差异线斜率中的变化与真实的折射波速度的变化有关，因此可以识别弱基岩区。

长距炮的重要性是明显的。一般来说，可以不使用短距炮的差异线，因为来自两端的炮点经过折射界面的初至波所经过的部分排列是有限的，甚至是不存在的。然而有时候，特别是当使用中心炮的时候，有可能也使用求差技术来确定中间折射层。

绘制差异线时，使用一个任意的零时线（time-zero line），将其放在与其他数据产生最小混淆的位置（下文图13.9）。计算机能够绘制差异时间和波至时间，但是如果使用坐标纸的话，这些差异可以很容易地用图形来测量，并且能够通过使用两脚规，或者铅笔和一张直角边的纸，直接转换到时距图中。

13.2.5 广义互换法

在例13.1中，互换时间法或者广义互换法用来解释一个四炮折射"炮"，当在野外营地使用计算机进行层析建模（见下文第13.2.6节）变得常见之前，这是最好的可用的办法。目前这种办法仍然可以提供那些难以通过计算机软件包获得的信息。

互换时间 t_R，定义的是地震波能量在一个排列两端之外的长距炮之间传播的时间。

在图13.8中，t_R 与旅行时 t_A、t_B（从两个远距炮到任一检波器 G 的旅行时）之和的差为

$$t_A + t_B - t_R = 2d / v_{1,2}$$

其中，d 是上覆地层的厚度。如果存在有多个界面，方程中的 d 可由 D 来替代，即在 G 点处折射界面的深度；方程中的 $v_{1,2}$ 由深度转换算子 F 替代，它是所有涉及的根据地层厚度加权的速度函数。在短距炮上，$2D/F = t_i$（截距时间），并且 F 的值可以计算出来。不同的短距炮之间的 F 的变化方式可能是非常复杂的，但是在野外，线性差值通常就足够了（见例13.1）。

例13.1

一个四炮折射排列的现场解释，其中来自西（W）和东（E）部末端的长距炮（LS）和短距炮（SS）初至时间，绘制在一个相同的坐标系中（图13.9）。绘制完这些数据后，开始进入下面所述的一些步骤（注意，引用的速度仅在最近的10m/s范围内，即便这样夸大了能达到的精度）。

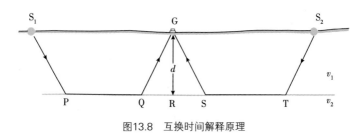

图13.8 互换时间解释原理

三角GQR和GRS的几何形状与图13.4中的"魔术三角"是相同的；从S_1和S_2到G点的行程时间总和与互换时间t_R是不同的（t_R是从S_1到S_2的时间），因为在QS之间以速度v_2传播的时间与在QGS之间以速度v_1传播的时间是不同的

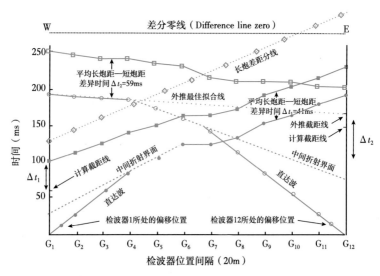

图13.9 四炮折射排列的完整的时距图

方块标示的长距炮差异时间，称为零线，被任意放在$t=280ms$处；注意在G_{12}处，介于短距炮数据外推得到的截距时间和使用长距炮、短距炮差异时间差值；将西部的短距炮折射波初至线外推到G_1位置，将引起更多问题并导致更加错误的估计

尽管t_R可以通过直接测量得到，但如果通过在$2d/v_{1,2}$（或者多层等价方程）等于截距时间的近距炮位置应用上述公式的话会更加

方便。当长距炮激发时，接收点位于短距炮的位置，这样就可以在这些位置测量t_A和t_B。这两个t_R的估算值的误差应该在3ms内，否则，应该彻底检查这些原始数据和计算，以寻找出现这种差异的原因。

如果短距炮是从末端检波器的位置激发的话，短距炮互换时间可以直接测量，事实上他们应该是相同的，这也有助于拾取初至。然而，对它们进行解释的意义不大。

步骤1 底层折射截距时间

测量LS（W）-SS（W）时间差：它们大致相同，且从G_6到G_{12}都接近41ms，这说明在这个区域SS（W）波至来自底部折射层；同样，从G_1到G_4的LS（E）-SS（E）时差接近于59ms。

截距时间：

在末端W处的LS（W）时间=101ms，截距时间=101-41=60ms。

在末端E处的LS（E）时间=208ms，截距时间=208-59=149ms。

注意LS（E）的估算时间和图13.9中对应的外推截距时间（大约170ms）的差为21ms。

步骤2 速度

直达波速度：

从源点W到附近的SS（W）波至的直线延长60m到G_4。

速度v_1=60/0.079=759m/s。

从源点E到附近SS（E）波至的直线延长100m到G_7。

速度v_1=100/0.134=746m/s。

平均速度v_1=750m/s。

中间折射层：在G_5处来自SS（W）的波至，和在G_5、G_6处来自SS（E）的波至不属于"底部折射"组（见步骤1），也不会落在直达波初至线上，这说明有一个速度为"v_2"的中间折射界面存在。

v_2速度不好控制，但是初至线应该在所有的初至波（v_1）和来自底部折射界面的初至之上。对于大多数可能的位置，有如下结果：

SS（W）：$v_2 = 1470$m/s 截距时间$=29$ms

SS（E）：$v_2 = 1560$m/s 截距时间$=77$ms

这些速度说明这个界面可能是潜水面，速度约为1500m/s。

底部折射速度：将LS（W）-LS（E）时差绘制在每一个检波器处，使用直线（280ms）作为时间零点。

$v_3 = 2/$时差的斜率$=2 \times 220/0.182 = 2420$m/s。

速度函数：

$$v_{1,2} = v_1 \times v_2 \Big/ \sqrt{v_2^2 - v_1^2} = 750 \times 1500 \Big/ \sqrt{1500^2 - 750^2} = 870\text{m/s}$$

$$v_{1,3} = v_1 \times v_3 \Big/ \sqrt{v_3^2 - v_1^2} = 750 \times 2420 \Big/ \sqrt{2420^2 - 750^2} = 790\text{m/s}$$

$$v_{2,3} = v_2 \times v_3 \Big/ \sqrt{v_2^2 - v_1^2} = 1500 \times 2420 \Big/ \sqrt{2420^2 - 1500^2} = 1910\text{m/s}$$

步骤3 炮点位置上的深度

到中间折射界面的深度$d_1 = 1/2 t_i \cdot v_{1,2}$：

$$\text{W}_{末}: d_1 = 1/2 \times 0.029 \times 870 = 12.6\text{m}$$

$$\text{E}_{末}: d_1 = 1/2 \times 0.077 \times 870 = 33.5\text{m}$$

中间层的厚度$d_2 = 1/2 \left(t_i - 2d_1/v_{1,3} \right) \times v_{2,3}$：

$$\text{W}_{末}: d_2 = 1/2 \times \left(0.060 - 25.2/790 \right) \times 1910 = 26.8\text{m}$$

$$D = 26.8 + 12.6 = 39.4\text{m}$$

$$\text{E}_{末}: d_2 = 1/2 \times \left(0.149 - 67.0/790 \right) \times 1910 = 61.3\text{m}$$

$$D = 33.5 + 61.3 = 94.8\text{m}$$

步骤4 互换时间解释（以检波器8为例）

互换时间 $t_R=t_A+t_B-t_i$：

$$W_{\pm}:\ t_R = 101 + 254 - 60 = 295\text{ms}$$
$$E_{\pm}:\ t_R = 233 + 208 - 149 = 292\text{ms}$$

$$平均 = 293\text{ms}$$

短距炮处的深度转换因子 $F=2\cdot D/t_i$：

$$W_{\pm}:\ F = 2 \times 39.4 / 0.060 = 1310\text{m}/\text{s}$$
$$E_{\pm}:\ F = 2 \times 94.8 / 0.149 = 1270\text{m}/\text{s}$$

例：G_8 处的 $F = 1289\text{m}/\text{s}$

G_8 处的深度 $D = t_A + t_B - t_R$：

$$D = 1/2 \times (0.174 + 0.213 - 0.293) \times 1280 = 60.2\text{m}$$

13.2.6 地震折射成像

在对地震折射数据进行解释的传统方法中，假设地表是层状的，其倾斜的幅度较小（<10°），且速度结构相对简单。在更复杂的地质环境下，如陡倾角或者不连续折射界面，或存在很强的横向速度变化，基于连续速度梯度的建模技术能够提供更加接近实际的结果。现在已经有软件包使用有限元或有限差分的方法来模拟变化的速度梯度，而不需要关于地层的任何先验假设。通过反复地比较从不同的速度模型中模拟得到的初至波与实际观测数据中的初至波，拾取的初至时间就能被用来构造出最合适的速度模型。这种方法（图13.10）被一些人称之为折射层析法，感兴趣的读者可以参考第6.5.1节中关于命名法的联合讨论。

在图13.10中，没有得到匹配度很好的观测数据和模拟数据 $t-d$ 曲线。此外，与需要了解一些地质情况和地震原理的传统方法相

比，自动成像程序无须人们的干预就可生成地下速度模型，因此

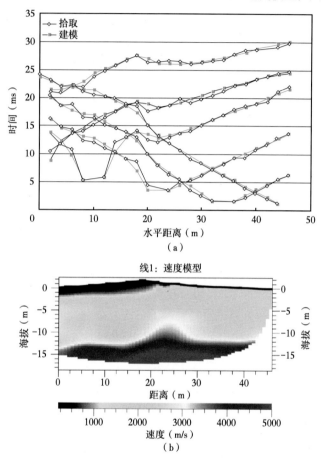

（a）

（b）

（a）使用商用非线性优化程序比较初至拾取值和模拟的初至，得到最佳的
地下速度分布；（b）产生（a）中模拟初至的连续速度模型，解释得到的
岩床深度介于10~13m，并被钻孔所确认

图13.10　折射建模

应该对这个结果抱有适度的怀疑。错误的初至会被计算机认为是正
确的，但在人工解释中通常会被识别出来。而且，如果真实速度在
边界的变化大于软件中允许的最大变化量，界面就会被展开，在低

速区估算的速度偏高，在高速区估算的速度偏低。这会导致选择错误的采集设备（参见图11.2）。在这种情况下，对于浅层的倾斜地层，即便是基本的截距时间方法（参见第13.2.1节）也能给出一个更好的结果。为了提高解释的可信度，通常的谨慎做法是检查不同方法的建模结果。但是一般来讲，在复杂地质背景下，成像技术已经显著地改进了折射数据的解释工作，并从根本上减少了用于解释的时间和精力。

13.3 折射方法的局限性

初至折射工作仅使用了地震数据中包含的一小部分信息，因此该方法存在明显的局限性也不足为奇。这些局限性在涉及工程的工作中尤其重要；在低速层的研究中，仅需要估计时间延迟，这时只需要短距炮就足够了。

13.3.1 直达波

地滚波包括复杂的P波和S波的体波、勒夫波和瑞雷表面波，后者以不同的、一般来说较低的速度传播。人们常常怀疑到底是哪种波产生了初至，因为传统的检波器对直达波中的P波产生的水平地面运动响应很差。在炮点附近，有足够的与P波相关的能量使得该响应可以被测量到，但在距离远的地方，初至有可能记录的是S波初至、地面波甚至是声波。

直达波中的复杂特征可能是导致最佳拟合的初至线无法通过源点的原因之一。定时电路中的延迟也可能起着一定作用，但可以在检波器附近通过炸药或者轻轻击打的方式得到。另一个重要的原因可能是因为炮点附近的检波器的放大增益通常被设置得太低，以至于真正的初至波被忽视掉了（图13.11）。输入信号全数字存储应该允许对每一个地震道在一定的放大范围内进行检查，但是，如果无法这样做的话，那么，最可靠的速度估计应该是那些不把源点作为测线上的一个点的方法。

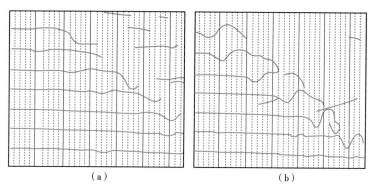

（a） 　　　　　　　　　　　（b）

在（a）中很可能被当作噪声忽视或忽略的初至，在（b）中清晰可见；如果不强制要求最佳拟合线通过源点，在（a）中基于清晰成像的同相轴的直达波速度大致是对的；仅仅基于折射初至的话，交叉距离也可能是错误的，但是截距时间不会受到影响

图13.11　对一个数据使用两种不同的放大增益回放得到的硬拷贝图

13.3.2　垂向速度

尽管在获得有效的直达波或者折射波速度方面已采取很多措施，折射方法从根本上来说是有缺陷的，因为深度方程需要垂向速度，但是真正测到的是水平速度。如果存在明显的各向异性，就会引入误差。这对野外测量观测人员来说不是问题，但对解释人员来说确是个问题，因此，对前者来说，至少应该注意到使用井孔或近期的挖掘信息来标定或直接测量垂直速度的重要性。

13.3.3　隐藏层

不产生任何初至波的折射界面，因为来自它的头波在取代直达波之前被来自更深的折射界面的头波所取代，所以它被称为隐藏的地层。一个地层，如果它和上覆地层相比非常薄，或者它的速度远远低于其下方的地层速度，它就可能被隐藏。基岩之上的风化层通常被隐藏了。有时，一个隐藏地层的存在可通过第二个波至来识别，但这仅仅是偶然情况下存在的一种可能，部分原因是在薄地层中折射波严重衰减了。

即便一个地层产生的头波比地面波的一部分要早，如果没有合适摆放的检波器，它也可能无法识别。将检波器集中在临界区域有时候是有用的（尽管这样做并不方便），但这样做的必要性仅在每天需要进行初步解释的情况下才是被认可的。

13.3.4 盲区

如果速度在一个界面上降低了，临界折射就不会出现，也没有折射能量返回地表。对于这些盲区界面，我们能做的很少，除非能够直接测量垂向速度。这时，可能必须要用到面波方法（见下文第14章）。

高速层，如潜水面上的地层和埋藏的地层通常在盲区界面之上。随着到震源的距离的增加，这些地层中的折射波的能量迅速消失并最终变得无法检测，大部分后续的同相轴会被拾取为初至，在时距图中表现为不连续性。这和地层突然消失的结果很像。

13.3.5 钻井的局限性

尽管折射波勘探存在局限性，当它们与钻井数据不一致时，解释工作也并不一定是错误的。只有非常小的地层数据体可以通过钻井得到，许多关于堆积层厚度的钻井测试，都会在距离真正的岩床之上一定距离处的孤立的巨大岩石处停下来。对于钻井和地震结果中存在的差异，寻找合理的解释通常很重要。

地震
面波

　　在过去的十年中，地震和基础工程中使用地震面波已经有着显著的增长。面波的主要吸引力在于能够用来获取地表之下从1~100m深度范围内的横波速度值，并由此得到剪切模量，相比较于昂贵的钻井来说这是一个实用的替代方案。

14.1　面波勘探

　　近地表研究中使用面波的一个重要优势是，当速度并不随着深度增加而增大的时候，折射方法的假设条件不再适用。

14.1.1　面波勘探基本原理

　　瑞雷（Rayleigh）面波和勒夫（Love）面波（参见第11.1.1节）的传播速度远慢于P波和S波的体波，但是却携带有相当大的能量并且在天然地震中对地表建筑的破坏起主要作用。通常条件下，由压缩震源产生的地震能量中，有超过全部地震三分之二的能量会被转化成瑞雷波，它也是"地滚波"的主要能量。构成地表的粒子沿着按照传播路径排列的垂向平面，随着逆行椭圆路径运动（图14.1）。勒夫波是在地表和低速层底之间反射的水平极化剪切波，只有在低速层之下存在一个有着高速S波的地层时，这两种波才会明显，而这正是一种常见现象。

　　这两种面波的振幅不仅随着深度呈指数衰减，并且会发生频散，也就是说，不同的频率分量以不同的速度旅行。在这两种面波中，瑞雷波在工程地球物理中是最重要的，因为它的速度与在相同弹性介质中的剪切波的速度相关。它们的准确关系依赖于泊松比，但是对于大部分地质材料，v_R即瑞雷波速度，介于横波速度v_s的0.91~0.955倍之间。在一些材料中，由瑞雷波速度得到的近似横波速度，即便不使用校正算子，引入的误差也小于10%。反过来，横波速度（表14.1）与最大剪切模量或者刚度的关系有如下公式：

$$v_s = \sqrt{G_{max} / \rho}$$

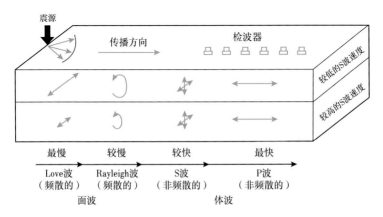

图14.1　由一个冲击源或震动源激发并由一组检波器接收到的地震体波和面波

图中通过简化的方式，用带有箭头的线条展示了大地中质点运动的方向；同时也指出了各个传播速度的相对顺序；Love波和Rayleigh波是频散的，也就是说，不同频率的分量以不同的速度传播；存在一个速度增大的界面对Love波的产生来说是至关重要的

在土壤结构相互作用的低应力介质中，为了在体积刚度上限的情况下强调它的作用，在这个版本的公式（最早由第11.1.2节引用）中，使用G_{max}替代了μ。横波速度信息可用于预测地震（包括地震引起的液化分析）、土壤压实控制、定位堤防薄弱地带，以及根据国际建筑规范（IBC）进行的土壤分类中引起的形变。

表14.1　一些常见地质介质中的典型横波（剪切波）速度

材料	剪切波（m/s）
软泥	<200
干沙	300~600
湿沙	700~900
黏土	500~800
冰碛土	1000~1200
砂岩	1600~2600
页岩	2200~2400
石灰岩	2500~3100
花岗岩	3200~3800
玄武岩	3400~4000

　　频散是利用瑞雷波对剪切模量深度进行分析的关键。长一些的波长能够穿透到更深的地下，并且一般有更高的速度。拥有特定频率的速度常常被称为相速度，这是因为它们在不同频率的分量之间变化的相位关系中十分明显。

　　速度以及波长可以通过测量对所选频率上已知的多个点之间的旅行时估算得到，其结果可用来构建波长—频率或者相速度—频率频散曲线。然后通过因式分解波长法，将深度分配给每一个速度值（通常取研究深度等于波长的三分之一）。这样做的前提是，只有一些数据点可用并且在横波速度中不存在突变的情况。或者，使用全一维反演来满足层状的地球模型，用以测算频散曲线。在一些情况下，会用到慢度—频率曲线（其中慢度是速度的倒数）。

在进行面波地震研究时有三个主要步骤：

（1）使用一个用来探测波长的系统接收地震数据（见下文第14.1.2节）；

（2）识别瑞雷波的基本模式，确定速度中的变化是频率的一个函数，并将此种关系表示成一个频散曲线；

（3）使用频散曲线来决定与测量的频散相匹配的刚度结构。

14.1.2 面波勘探的类型

地震面波可以通过使用压缩震源产生，比如大锤、重物击打或者可控震源（主动震源），通过测量其频率一般在3~30Hz。面波也可以由随机"自然的""被动的"或者"人工"震源生成，比如风、雷电、现场施工活动、车辆或者行人交通活动等。这些通常被认为是噪声，但在一些方法中也能用来作为震源信号。它们携带有足够的低频能量，可以获得100m深处的结果。在主动震源中，大锤能产生相对高的频率，使得勘探的最大深度可到10~30m，根据介质的类型，用于深部地震反射研究的可控震源卡车能产生来自100m深的面波。

面波研究中有很多容易混淆的缩写词汇。在有可能是最简单的方法（共偏移距瑞雷波）中，使用一个锤子震源和一个共振频率低于5Hz的单独的检波器，施工时，震源和检波器同时移动。当检波器或加速计留在原地，但使用一些不同的位置作为震源时，就有了第一个字母缩写（MISW，多次激发面波）；在一个线性接收器组合中增加额外的一些检波器，并且有可能使用一个落锤震源，该方法就变成了SASW（面波谱分析法）；将震源换成可控震源，工作频率调整到5~600Hz之间，该方法对应的缩写就变成了CSWS（连续面波地震法）；使用随机震源，比如路过的车辆或者是像打桩或钻井一类的施工现场活动，结合线性或者二维检波器组合，该方法简称为MSM（微震勘探方法），MSM和其他随机震源方法的记录时间不应该少于半分钟；使用随机挥动的锤子增加高频信息，或者使用一个不定时的落锤，使面波穿透到更深地层，这种方法称为ReMi（折射微震法），但很多用户将该简称限制在仅使用线性检波器组合的情况下；在几乎使用每一种可能的震源组合，如随机（或不定时）和受控（一般是时控）震源，以及检波器组合，如线性和二维检波器组合的情况下，使用简称MASW（多道面波分析法）。尽管这里的名称很多，但只要理解了这些分类条件，名称其实并不重要。

尽管反射地震中通常利用检波器组合来压制面波（参见第12.2.2节），在地震反射和折射勘探记录中，面波波至也是不可避免的，可以对这些面波进行处理和解释并生成横波速度模型，联合勘探正在变得日益普及。

上面列出的所有方法都有着一些共同的特点：记录时间域的地震数据、变换到频率域、转换到相速度（或波长）与频率的离散曲线等过程，通过建模得到横波的速度—深度剖面。而这些方法的不同之处在于：野外参数不同、获取频散曲线的方法不同、用于产生速度剖面的建模方法不同。

14.1.3　检波器组合

面波研究使用的检波器组合和在折射波与反射波勘探中使用的组合是相似的，但是在前者的研究中需要用低频检波器以便达到要求的目标深度。对于联合（ReMi）/折射波勘探来说，通常在两行检波器之间设置和切换。

堪萨斯地质学会（Kansas Geological Society）测试了一系列对称二维组合，图14.2列出了一些适用于MASW勘探的例子。

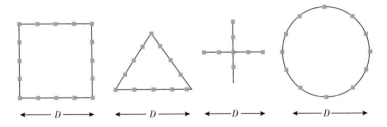

图14.2　被动面波勘探中使用的对称二维检波器组合的例子

D是检波器组的最大尺寸，它与研究的深度有关；检波器的间距决定着研究的最小深度

14.1.4　勘探设计

　　一般来说，能够探测到的最大波长等于检波器排列的长度，反过来它也决定着勘探的最大深度D。检波器间距定义了能够探测到的最短波长和勘探的最浅深度。近场震源影响很重要，必须要予以避免，但是目前关于最小安全距离的看法并不一致，估计这个距离在$D/5$与$D/2$之间。

　　主动震源勘探典型的记录长度为2s，采样间隔为0.5ms或1ms，但是在特别低速的介质中记录时间可能需要增加一些。对地震记录进行叠加以得到最大的信噪比（SNR）。被动勘探一般需要多个地震记录，每个记录长约30s，时间采样率通常是2ms，不会大于4ms，这些记录不能叠加。

　　联合了随机被动震源和不定时"主动"震源的ReMi方法（比如锤击法），增加了高频信息，已被证明是非常有效的，比实施完全的主动或被动（MASW）勘探做得更好，后者需要更多的时间。目前陆地测线上的检波器（参见第11.3.1节）可以循环使用，结合控制震源和随机震源，在相对平滑地表条件下，实现线性组合勘探生产率的最大化。根据地下介质的不同，获得穿透50m深度的地震波需要谐振频率在4.5Hz或以下的检波器，对于100m的穿透深度，一般需要1Hz的检波器。

对于有一定斜度的地表，地形的影响是微不足道的，但当高程的变化超过组合排列长度的10%时，地形的影响会变得严重。为了得到准确的估算结果以及针对瑞雷波方向效应的校正，一些技术人员建议使用二维组合。有些人认为，如果不考虑上述地形影响，速度误差会高达25%，但是在建筑区部署二维组合可能不太现实。

14.1.5　地震灾害

参数v_s在诸如国际建筑规范（IBC）的各种标准中很重要，它用于地面运动放大灾害分级，也广泛用于地震多发区的建筑设计中。表14.2列出了基于v_s的土壤灾害分级方案。达到地震灾害研究所需深度的钻井和录井非常昂贵，通常在城市中也不现实，这是过去十多年里面波得到进一步发展的主要原因。

表14.2　基于横波速度的土壤分类

类别	描述说明
A：$v_s > 1500\text{m/s}$	土壤类型A包括未风化的侵入火成岩，土壤类型A和土壤类型B与震动的放大效应无关
B：$1500\text{m/s} > v_s > 750\text{m/s}$	土壤类型B包括火山岩，大部分中生代基岩和一些Franciscan基岩；与震动的放大效应无关
C：$750\text{m/s} > v_s > 350\text{m/s}$	土壤类型C包括一些第四系粗砂砾层、砂岩和泥岩，一些新近纪砂岩、泥岩和石灰岩，一些古近纪泥岩、砂岩和Franciscan混杂岩及蛇纹岩
D：$350\text{m/s} > v_s > 200\text{m/s}$	土壤类型D包括一些第四系泥、砂、砂砾和淤泥，这类土壤有明显的震动放大效应
E：$200\text{m/s} > v_s$	土壤类型E包括水饱和泥和人工填充物，这类土壤的震动方法效应最大

来源：美国国家地震减灾计划（NEHRP）；

五类基于横波速度（v_s）和地震震动放大率而定义的土壤类型；这些定义在旧金山海湾地区是适用的。

14.2　数据处理

快速傅氏变换（FFTs）用于将时间域野外数据转换到频率域，并得到相位差。瑞雷波的速度和波长通过使用检波点之间的距离和相位差来计算，其关系如下：

$$v_R(f) = 2\pi f \frac{\Delta x}{\Delta \phi}$$

其中，$\Delta \phi$ 是相位差，Δx 是检波点间距，则瑞雷波长为

$$\lambda_R(f) = \frac{v_R}{f}$$

f-k（频率—波数）和 p-tau（慢度—截获时间）变换在将基本类型的瑞雷波能量从更高的谐波、体波以及地滚波中的其他形式的噪声中分离出来的过程中是非常有效的。

14.2.1　频散曲线

有很多技术可以用来计算频散曲线，CSWS方法使用频率信息绘制相位差与频率之间、或波长与频率之间的频散曲线，如图14.3中的例子所示。MASW方法使用一个（f-k）变换来计算相位速度—频率频散图（图14.4）。ReMi方法使用 p-tau（也被称为倾斜叠加）变换得到慢度—频率频散图（图14.5）。因为ReMi震源可以来自任何一个方向，这个变换用于通过检波器组合的多个方向并求和。

ReMi和MASW频散曲线可通过不同的方法得到。对于ReMi数据，瑞雷波能量的初至方位存在不确定性，拾取要沿着瑞雷波边界的最低速度包络进行（图14.5）。p-tau 慢度—频率频散图考虑到了不同的波沿不同的方向传播。MASW的 f-k 方法对方向敏感，但是使用二维检波器组合的方式处理这种情况还有很长的路。MASW频散曲线是通过在瑞雷波主能量的频谱峰值上拾取得到的。

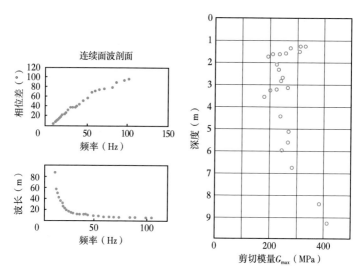

图14.3　相位角—频率和波长频率频散曲线以及横波模量—深度图

数据来自CSWS勘探，使用70kg地面可控震源以及489N动力

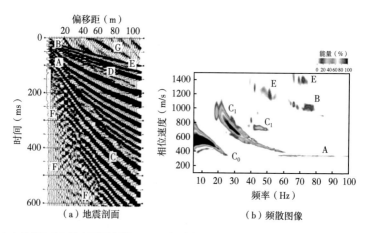

（a）地震剖面　　　　　（b）频散图像

（a）使用主动和被动震源得到的MASW地震数据；（b）波场变换得到的频散图像，在该图中，可以将Rayleigh波（C_0）从它的高频谐波（C_1）、声波（A）、反射波与折射波（E和B）中分离出来；通过追踪C_0（如果需要，也可以是高频谐振波）的波峰，实现手工或者自动拾取得到频散曲线；本图的使用得到了Kansas地质勘探项目中C.Park的许可

图14.4　地震数据及其相位速度—频率频散图

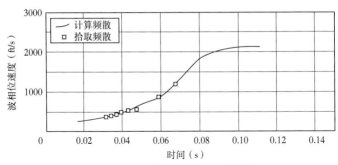

（a）频散曲线的拾取显示和拟合

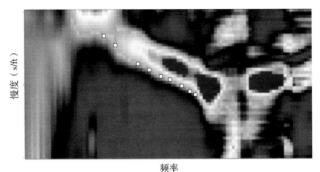

频率
（b）慢度—频散图像与频散建模拾取

图14.5 Rayleigh波能量的初至拾取

（ReMi）波场转换为慢度—频散图像的示例（底部），沿瑞雷波前沿的频散
曲线拾取点；还显示了建模的色散曲线（顶部）

频散曲线可以从多次覆盖的地震反射数据上提取出来，也能使用横向约束反演技术反演得到横波速度的伪二维模型。和通过单个频散曲线直接反演相比，这种方法得到的结果要更好一些。

14.2.2 正演模拟

正演模拟或者频散曲线的线性最小二乘反演需要泊松比值和密

度的初始值，它们基于局部介质的已知属性。

得到的横波速度模型对密度中的合理变化不敏感，但是P波速度v_p在饱和和不饱和沉积（这些信息不能通过频散数据得到）中的差异意味着面波速度存在高达10%~20%的差异，这是因为瑞雷波速度依赖于泊松比。至少在最大折射深度上，该泊松比可通过P波折射和MASW（或ReMi）联合勘探得到。

正演模拟是一个从假设的可以得到理论频散曲线的横波速度模型开始的迭代过程。调整横波模型直到测量得到的频散曲线和理论的频散曲线相匹配，线性反演严重依赖于初始模型的选取，如果没有一个先验信息，有可能得到多个与数据的匹配度都很好的结果。

完全自动化的一维反演的计算方法，包括模拟退火法，超出了本书的讨论范围。这些方法的初始模型是使用了预定义厚度的多层模型、横波速度、泊松比和密度，使用的层数可以很多。

目前，通过一维反演或者是伪二维反演（图14.6）建模仅局限于水平层状模型。未来全二维和三维建模技术的发展会考虑到波场散射，并因此进一步推动该方法的准确性和稳健性。

14.3   方法的局限性

面波方法都处于发展的早期阶段，仍存在很多问题。虽然存在一些根本的局限性，但仍在许多领域有望得到发展。当前所有的方法都受到近场不一致效果的影响。在一些方法中（比如SASW和CSWS），将一阶瑞雷波从更高阶谐波和体波中分离出来并不容易，同时在这些方法中，都要求基本模式占主导地位。这在速度模型反演中定义频散曲线时会导致误差的产生。

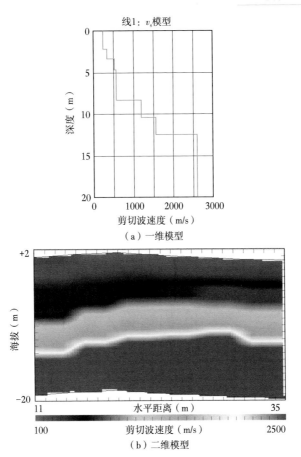

（a）一维模型

（b）二维模型

图14.6 一维模型和二维模型示意图

ReMi v_s 的例子，一维模型和二维模型基于图14.5中的数据

　　面波勘探中的穿透深度是由震源产生，能够在现场准确测量，并在建模中能够分辨的最长波长决定的。一般来说，更重的震源产生更长的波长，但是对于不利的现场条件，比如松散的泥土和类似于泥炭的材料等，会严重衰减信号；人为噪声，对于被动方法来说是必要的，但会影响主动方法中的信噪比；可能需要进行平滑处

理，但会降低分辨率。

地层厚度分辨率随着深度降低，作为一个经验法则，可以分辨的最小厚度是地层厚度的五分之一。

图14.7是井孔（井间和井下）测量得到的横波速度和面波（ReMi）速度估计结果的对比。在地平面下15~20m处二者匹配良好，超过这个区域，面波勘探方法的分辨率迅速降低。

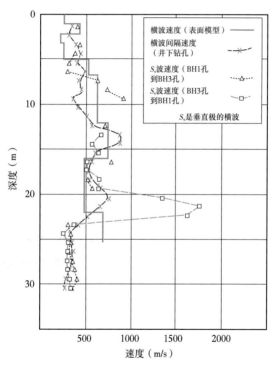

图14.7　一维横波速度模型与井间测量结果的对比图

从ReMi面波勘探方法中得到的对比图说明，从地表到地面下20m之间的一致性是合理的，之后的差异变得明显，数据来自Zetica测试点

15

地图、投影和GPS

技术上的进步很少能让生活变得更简单。它能使之前的不可能变成可能，但在这样做的时候使得生活更加复杂了。从全球定位系统（GPS）对地球物理的影响上来看，似乎确实如此。即便是所涉及的术语也是很复杂的。GPS其实是一种全球导航卫星系统（GNSS）或者无线电导航卫星系统（RNSS），它们是那些使用卫星来定位的技术中的通用术语。GPS是美国提供的，也是该领域第一家服务商，其他国家有的已经开发了替代产品，有的正在开发。

15.1　地图和投影

在GPS诞生之前，现场工作人员很少需要担心诸如投影和椭球变换这些问题，但是现在他们的设备需要此类信息。不仅如此，他们还不得不面对一套新的（并且通常还在不断变化的）缩略词。

15.1.1　地图投影

各种投影系统试图将地球上大致呈球面的一部分绘制在一张平面纸张上。和地球曲率相比，地球局部的地形变化通常更加明显。但是，由于卫星定位使得即使是小规模的测量结果也有可能被引用到国家的投影系统中，而这些系统也确实考虑到了曲率的影响，现在这种做法通常已经成了合同的要求。如果不理解这一过程所涉及的问题，可能会导致几百米的定位误差。

纬度和经度在一个球面极坐标系中定义了地球上的位置。这对很多任务来说是很理想的，对涵盖大部分地球表面的工作来说也是很重要的，但对于小块区域来说，这些地理坐标并不方便，在这些地方，基于标准长度单位（现在几乎普遍使用的米制）的网格是更好的选择。使用这样的系统，需要将地球表面的一部分视为平面，这就是投影的过程，其中包含的变形失真只能尽量减小而无法完全消除。投影系统涉及在地理坐标和网格坐标之间变换的比例因子，并且由于地表经线是收敛的，而纬线不收敛，因此不管是什么投影系统，在任何一种地图的表面上至少有一个变化的比例因子。如果一个投影系统，它的两种比例系数按照相同的方式调整，使得其尺度比例独立于方向，通常被称为正形投影。大多数现代地图使用正形投影。

两种主流的投影系统将球形地球表面映射到圆柱体或圆锥体表面。在正形墨卡托（Mercator）投影系统中，投影信息映射到圆柱体表面，该面与地球相切于赤道。在这种投影中，在赤道处的变形最小，但在沿着向两极的方向不断增大（在墨卡托地图上，格陵兰岛会变得很大）。

墨卡托地图在赤道地区的这种低失真特点通过重新定义赤道也可以在其他地方实现。对于横轴墨卡托投影（TM），通过将常规的墨卡托投影旋转90°，使得其中一条经线（子午线）完全替代赤道，那么在这条经线大约3°范围内的点上的变形会很小。对于像智利这些国家来说，这套系统很理想，因为它纬度上跨度很大，但在经度上只占很小的区域。对于东—西方向长而南—北方向短的国家或地区来说，这套系统的效果并不太好。将其投影在圆锥体表面（圆锥体的顶在地球自转轴的延长线上）会是一个更好的选择。圆锥体表面可以与地球表面相切，这时在某个纬度上的形变为零，也可以切入地球表面。第一种办法最简单，但第二种办法在两个纬度上的形变为零，因此对于南北及东西跨度都很大的地区来说，后者是需要优先考虑的。

一旦选定了一种投影系统，就可以建立一个线性笛卡儿

（Cartesian）网格，而这需要一个原点。这个点应该在一个变形最小的区域里，比如对于横轴墨卡托系统，在子午线中央；在有一个标准平行线的圆锥系统中，它在与地球表面接触的纬度线上。通过这种方式定义的原点通常并不会赋予零值，相反，要选择的数值应使得感兴趣的区域内的任何地方都不出现负值坐标。

通用横轴墨卡托系统位于按照6°间隔的子午线中心，从格林尼治3°E和3°W开始，现在被广泛采用为全球标准。穿过格林尼治的本初子午线是这个系统的区域边界，因而UTM坐标在东伦敦是突变和不连续的。这会使得对英国的投影出现巨大的问题，因此英国国家网格的中心子午线设在2°W，也就是说该网格使用TM（横轴墨卡托投影系统），而不是UTM。

15.1.2 椭球体

大致看，地球是一个球形的，但是赤道半径比极半径大约长22km。回转椭球体，也被称之为椭球体（在测量学中，不管是从其意图来说还是目的性来说，这两个概念是同义的），通常用于二阶近似。椭球体使用长轴或短轴的长度来描述，或者使用长轴的长度和扁率（离心率）来表示，在过去的200年里，人们使用过许多不同的地球椭球体。这不仅是因为在那个时期有关地球真实形状的认识在不断进步，也因为这些椭球体都是近似的，其中一些模型比其他模型更适合地球表面中的某个部分。

椭球表面是与地球表面近似的，上面的点由纬度和经度来定义。要准确地使用这些坐标，需要知道所使用的是哪一个地球椭球体。目前广泛使用的系统，即1984年世界大地坐标系（WGS84），使用的长轴和短轴分别是6378.137km和6356.752314km，在世界上的某些地方近似度很差，在这些地方仍旧在使用地方的和传统的系统。

选择一个椭球体本身并不等于定义了一个映射系统。要定义映射系统，仍然需要定义椭球体中心相对于地球真实中心的位置。这部分工作目前通过它在笛卡尔坐标系的x、y和z坐标来实现，因此基于相同椭球体的不同系统之间的变换，需要使用一个Δz（在地球自转轴方向上）、Δx和Δy来表示（对缺乏经验的人来说很神秘）。

从椭球面到地球表面的偏差可能影响基本测量，传统的测量技术依赖于重力，因为它定义了铅锤或其他水平装置的方向。依赖于这些方法的测量本质上并不是以椭球面为基准的，而是与重力势为常数的一个表面（重力等位面）为基准。在海上，这个最重要的平面与平均海平面相吻合。这个大地水准面在椭球面的上方或下方 100m的位置。因为大多数用户要求他们的地图显示当地的平均海平面为零，因此地形的海拔高程通常参考于大地水准面。然而，GPS接收器可能会显示出相对于大地水准面或者理想的椭球体的高度。通常不容易发现用的是哪一个。

随着对导航卫星的使用越来越多，这些在之前相当深奥的考虑在实地测量中变得非常重要了。大量的GPS接收器提供很多可用的坐标系统，也提供很多可用的椭球体系统。不能因为将正确的投影和坐标系统输入测量 GPS的过程太简单而因此放松，以至于忘记了其实也应该指定椭球体系统，要记住，在常用的椭球体版本间切换可能引起几百米的位置误差。作为体现这个效应的重要性的一个例子，对于基于AGD66椭球体的巴布亚新几内亚的Bulolo采金区地图，如果选择了WGS84，不仅会将观测员横向移动到大约 200m的地方，还会把他们放在宽阔的布洛洛（Bulolo）河的另外一侧。

15.2 卫星导航

目前，卫星导航广泛用于智能电话、飞机及海洋交通控制、指导耕种和收割等各种各样的个人导航设备的应用中，因此，美国之外的大部分用户不太愿意完全依赖于美国军方提供的便利，在本书这个版本的使用周期里，GPS（美国的系统）的一些其他替代品预计会变得很重要。

15.2.1　导航卫星

随着对导航卫星使用的增加，相关缩写词也在不断增加。当前，有四个GPS的替代品正在开发的不同阶段。它们是俄罗斯全球导航卫星系统（GLONASS）、欧盟伽利略系统、中国的北斗和全球印度导航系统（GINS）。除了GPS，目前只有GLONASS系统在运行。伽利略和北斗预计会在2013年和2015年启用（北斗三号全球卫星导航系统已于2020年7月正式开通并为全球提供导航服务，译者按）。这些系统在设计时考虑到了一些兼容性，因此理论上从100多颗卫星上发出的广播信号能够被所有用户收到，极大地提高了可用性和准确性。

15.2.2　位置精度

最简单的GPS接收器仅仅使用码—相位测量结果以及到多个卫星的距离（伪距离），该距离是由每个选中的卫星产生的唯一的伪随机码（PRCs）到达测量点的时间推断出来的。至少需要三颗卫星才能获得一个位置（xy），如果需要高程的话至少需要四颗卫星。

个头小、相当便宜的手持GPS从大约1990年起就出现了，但是最初他们的位置精度不到100m，高程的精度更差。这是由美国军方使用的主动信号降级引起的，也即大家熟知的选择可用性（SA）。2000年5月1日，美国政府关掉了所有卫星上的选择可用性（SA）功能，之后独立接收器上的定位精度提高到了几十米。读数精度，包括高程和坐标，大概提高到了1m，或者说大致相当于纬度和经度中的0.00001°。

使用差分全球定位系统（dGPS或DGPS）方法可以获得1~2m级别的精度。这些方法应用了在被调查地点操作的外部参考系统的距离校正，可以消除基站和现场接收器常见的错误。这些修正可以通过后处理来进行，但也可以通过卫星或从当地基站传输到现场接收器的校正来实时进行。

利用叠加伪随机码的载波相位，可以获得更大的精度。原则上，1.57GHz的GPS载波频率意味着，有可能提供比1MHz伪随机码调制高几个量级的精度的能力，但因为每个载波的周期几乎是与前一个相同，跳周是可能的，引入的错误是20cm的倍数。实时动态（RTK）系统通过在已知位置使用基站接收器和发射机来消除跳周，从而将载波的相位重新广播到移动设备（一个或多个）。如果需要更高的精度，则使用双频接收机跟踪第二载波相位信号（L_2）以及标准码—和载波相位（L_1）信号。

一种称为运动载波相位跟踪（KCPT）的技术利用L_1信息来提供厘米级的定位精度，但可能需要较长（20~30min）的初始化时间来给出一个准确的位置。RTK解决方案也可以通过在L_2上使用额外的KCPT测量结果实现，提供目前可用的最高实时精度。

多路径错误（即来自地形或建筑物的反射，提供不同长度的不同路径）和大气属性的变化会显著降低准确性。主要的大气影响发生在电离层，并取决于离子化的大小和变化。因此，在太阳活动频繁时期，特别是在磁暴期间，这个问题是最严重的（参见第3.2.4节）。

现在，在雨林中通常可以穿透树冠来获得定位，但是在接收器和卫星之间的建筑物或固体岩石仍然是不可逾越的障碍。有趣的是，在城市的混凝土丛林里，安装在智能手机上的GPS接收器甚至可以比最昂贵的RTK系统还好。其中，一个原因是城市环境里的多路径误差和微弱的直接卫星信号；另一个原因则是受益于辅助GPS定位系统（A-GPS）之类的技术，通过这些技术，手机发射器也广播GPS卫星轨道信息。在2007年到2010年之间，在手机中内置的GPS接收器比其他所有应用中使用的都要多。

15.2.3 使用DGPS中的一些实际问题

差分GPS数据可以通过多种方式获得：

（1）一个专用基站可以通过无线电链路传输修正量，以进行实时校正，或者在不需要实时校正的情况下，用于处理现场数据。

（2）一个由政府运营的SBAS（基于卫星的增强系统），如美国的WAAS（广域增强服务）或欧洲的EGNOS（欧洲地球同步导航覆盖服务），可用于提供实时的差分校正。图15.1中显示的GPS仪器有一个内置的无线电接收器，可以实时应用这些修正。

图15.1　手持个人数字助理和全球定位系统接收器

该系统能够通过卫星接收实时差分GPS（DGPS）校正信息，提供2~5m的定位精度；它配备了WiFi和蓝牙以便于通过邮件通信和数据传输

（3）可以购买像Omnistar这样的商用差分服务。只要至少有2min不间断的卫星信号（卫星锁定）被记录下来，Omnistar的双频、载波相位H-Star技术可以实时达到 30cm的精度。实现这一过程至少需要锁定5颗卫星。

（4）如果载波锁保持不变，载波RTK技术可以实时提供厘米级精度，但如果它丢失了，则不会提供任何位置信息。利用10~45min之间的时间间隔的数据，后处理可提供30~1cm的精度。这是最高级别的后处理GPS精度。如果需要几厘米的精度的话，要求基站必须在一个不少于0.03Hz的频率上记录双频GPS数据，且必须要位于10km以内的精确的测量点上。

（5）在一些国家，建有GPS参考站网络（VRS或虚拟参考站点），如果足够密集，可以提供RTK定位所需的高精度校正。这些功能只提供订阅服务。

当然，上述每种方法都有优点和缺点。专业基站在测量操作中同时使用了多种方法，但现场工作人员很可能会觉得他们可以不使用这些方法，因此，后处理通常很受欢迎。政府系统是免费的，但目前只覆盖有限的区域。VRS的使用依赖于一个手机连接，以允许不断地下载修正，而这在整个测量区域可能是不可用的。对诸如VRS之类的网络系统和商业卫星服务来说收费是很重要的，但是如果通过消除建立基站的需求来提高生产力，这是非常值得的。在卫星信号受到干扰的环境中，载波相位数据更难以收集，在这种情况下，仅使用码—相位测量数据可能是更实际的选择。要记住，一个给定的 GPS系统的理论定位精度在你的位置上是不一定能实现的。

15.2.4 确保GPS是合适的

地球物理勘探所需的定位精度显然取决于它的目标。在使用内置 GPS接收器的仪器时，尤其应该牢记这些。将接收器集成到地球物理仪器的事实并非意味着使用该仪器进行的所有测量都具有足够的精度。此外，如果一个手持的非 DGPS 系统随后被用于挖掘或钻探这些目标，那么用亚米级 RTK 定位生成非常精确的目标坐标是没有意义的。

大多数 GPS 接收器会提供一个质量控制参数，如表示实时记录位置的 "%精度"，并且可以编程，这样如果这个参数超出预定范围，就不会记录该位置。大多数仪器供应商提供的计划软件可以用来预测什么时候一个被称为 DOP（精度因子）的参数会落在可接受的水平之外，DOP 基于天空中卫星的数量和位置，以及它们之间的关系。DOP 越低，信号质量越好。DOP 可以进一步分成水平 HDOP、垂直 VDOP 和时间 TDOP。如果高度不关键，VDOP 可能不重要，但需要精确的三维位置，对于空洞探测这种情况，需要至少 4 颗卫星。大多数接收器也记录了信噪比（SNR）和实际的卫星数量用来确定位置。

为了确保记录的坐标保持在可接受的公差范围内，一个参考点，也可以是地球物理漂移测量或调零基站，应该每天重新检查两次，以比较计算出来的位置。

15.2.5　作为计时设备的GPS

每一个与卫星联系的 GPS 接收器都会自动同步到格林尼治标准或协调世界时（GMT 或 UTC）。因此，GPS 接收器可用于同步基站和漫游场磁力仪，或用于多仪器平台上的不同仪器。在电磁测量中，这些时间甚至精确到可以用来同步发射器和接收器，从而消除了使用电缆连接提供相位参考的需求。

15.2.6　GPS+

没有一个单一的导航系统能够在任何时间和任何地点提供准确

的定位。未来十年很可能是GPS+的十年，而不是单独的GPS。它集成了GPS+惯性导航系统（INS）、GPS+GLONASS、伽利略系统（Galileo）和指南针系统（COMPASS），以及GPS+WiFi，这只是其中的一些可能性。GPS+INS将GPS接收器与陀螺仪、距离编码器、三维加速计和一个二维数字罗盘结合在一起，以填补GPS覆盖范围中的空白。当卫星在测量区域中被地形或建筑物遮挡时，该技术会特别有用。目前，多数技术都很昂贵，但在本书这一版本的使用期间，几乎肯定会降低价格，变得更容易获得。

15.2.7　GPS-

对新技术的依赖可能会让我们走得太远以至于忘了为什么要做这些测量。在一个平坦的地点进行的微重力测量中，需要密集的站点以达到厘米级的精度，传统的光学水平仪和刻度尺通常仍然能以最快、最便宜、最精确的方式提供所需的信息。

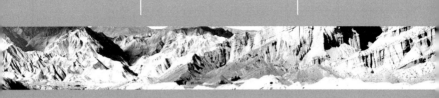

附录

从B区到M区的各个海默区间的重力地形修正量，单位为μGal（参见第2.3.4节）。"R"行列出各区域的内外半径，以米为单位，直至并包括G区，其后以千米为单位。"N"行列出了每个区间所划分的分区数。

分区		B		C		D		E		F		G	
半径（m）	2		166		53.3		170		390		895		1530
分区数		4		6		6		8		8		12	
修正量（μGal）	高度差（m）												
1		0.5		1.9		3.3		7.6		11.5		24.9	
2		0.7		2.6		4.7		10.7		16.3		35.1	
3		0.8		3.2		5.8		13.1		19.9		43.3	
4		1.0		3.8		6.7		15.2		23.0		49.8	
5		1.1		4.2		7.5		17.0		25.7		55.6	
6		1.2		4.6		8.2		18.6		28.2		60.9	
7		1.3		5.0		8.9		20.1		30.4		65.8	
8		1.4		5.4		9.5		21.5		32.6		70.4	
9		1.5		5.7		10.1		22.9		34.5		74.7	
10		1.6		6.0		10.6		24.1		36.4		78.7	
20		2.4		8.7		15.1		34.2		51.6		111.6	
30		3.2		10.9		18.6		42.1		63.3		136.9	
40		3.9		12.9		21.7		48.8		73.2		158.3	
50		4.6		14.7		24.4		54.8		82.0		177.4	
60		5.3		16.5		26.9		60.2		90.0		194.7	
70		6.1		18.2		29.3		65.3		97.3		210.7	
80		6.9		19.9		31.5		70.1		104.2		225.6	
90		7.8		21.6		33.7		74.7		110.8		239.8	
100		8.7		23.4		35.7		79.1		117.0		253.2	

分区		H		I		J		K		L		M	
半径（km）	1.53		2.61		4.47		6.65		9.9		14.7		21.9
分区数		12		12		16		16		16		16	
修正量（μGal）	高度差（m）												
1		32		42		72		88		101		125	
2		46		60		101		124		148		182	
3		56		74		125		153		186		225	
4		65		85		144		176		213		262	
5		73		95		161		197		239		291	
6		80		104		176		216		261		319	
7		86		112		191		233		282		346	
8		92		120		204		249		303		370	
9		96		127		216		264		322		391	
10		103		134		228		278		338		413	
20		146		190		322		394		479		586	
30		179		233		396		483		587		717	
40		206		269		457		557		679		828	
50		231		301		511		624		759		926	
60		253		330		561		683		832		1015	
70		274		357		606		738		899		1097	
80		293		382		648		790		962		1173	
90		311		405		688		838		1020		1244	
100		328		427		726		884		1076		1312	

　　这两个表格列出了密度为2.0g/cm³的情况下，能够产生表格内所列地形校正结果的准确的高度差。比如在E区（距重力站170~390m）内，重力站高程与平均地形高度相差32m，其地形修正量则约为18μGal。尽管大多数商业重力仪的灵敏度仅为10μGal，但

是对于微小的高程差异，在表中使用了$1\mu Gal$的估计值，这样是为了避免在对多个分区进行求和时产生四舍五入的误差累积。对于较大的高程差，其要求的精度水平是无法用海默量板获得的。